金属硫化物和氧化物中空材料的制备及性能研究

魏成振　著

东北林业大学出版社
Northeast Forestry University Press

·哈尔滨·

图书在版编目（CIP）数据

金属硫化物和氧化物中空材料的制备及性能研究 /
魏成振著 . — 哈尔滨：东北林业大学出版社，2023.3
　　ISBN 978-7-5674-3092-1

　　Ⅰ . ①金… Ⅱ . ①魏… Ⅲ . ①金属 – 硫化物 – 材料制
备 – 研究②金属 – 氧化物 – 材料制备 – 研究 Ⅳ . ① O614

　　中国国家版本馆 CIP 数据核字 (2023) 第 050125 号

责任编辑：彭　宇

封面设计：优盛文化

出版发行：东北林业大学出版社

　　　　　（哈尔滨市香坊区哈平六道街 6 号　邮编：150040）

印　　装：三河市华晨印务有限公司

开　　本：787 mm × 1092 mm　1/16

印　　张：8

字　　数：112 千字

版　　次：2023 年 3 月第 1 版

印　　次：2023 年 3 月第 1 次印刷

书　　号：ISBN 978-7-5674-3092-1

定　　价：68.00 元

中空结构的微纳材料因其独特的性质和在诸多领域的应用而受到广泛关注，是当前材料科学和材料化学领域的重要研究对象。目前，制备中空结构的材料常用模板法，但是模板法通常费时、费力。因此，通过简单的方法制备中空结构材料，并调控其化学和物理性能，对于基础科学研究和技术应用有着重要的意义。

本书在水（溶剂）热条件下，通过奥斯瓦尔德熟化、柯肯达尔效应等简单的方法制备了一系列金属硫化物和氧化物中空结构材料，对中空结构可能的形成机理、形貌与性能之间的相关性进行了初步的探索。主要研究内容如下：

（1）奥斯瓦尔德熟化法制备硫化镉（CdS）空心球及光催化活性研究。在羧甲基壳聚糖存在的条件下，通过奥斯瓦尔德熟化法成功合成了由纳米颗粒组装成的 CdS 空心球。通过改变反应条件，得到了具有不同结构的 CdS 材料，并研究了不同结构 CdS 的光催化降解甲基橙（MO）性能。结果表明，CdS 空心球表现出较好的对 MO 光降解的催化性能。

（2）Bi_2S_3 纳米棒组成多级 Bi_2S_3 超结构的合成。利用准微乳液法合成了由纳米片组装成的 BiOCOOH 空心球结构，通过改变反应条件得到了由纳米片组装成的 BiOCOOH 花状结构，研究了两种结构的 BiOCOOH 对罗丹明 B（RhB）的光降解催化性能。结果表明，空心球结构的 BiOCOOH 具有良好的光降解催化活性。以两种不同结构的 BiOCOOH 为反应源，硫代乙酰胺（TAA）为硫源，通过离子交换法获得了 Bi_2S_3 超结构，所得超结构是由二维席子组装成的空心球和花状结构

的 Bi_2S_3。BiOCOOH 与 Bi_2S_3 晶格匹配是形成超结构的原因。

（3）多晶 α-NiS 空心球和单晶 β-NiS 空心球的合成与转化。在水热条件下通过柯肯达尔效应以硫脲和谷胱甘肽（还原型）作为硫源得到了多晶 α-NiS 空心球；利用不同晶相 NiS 之间的转变，多晶的 α-NiS 空心球可以转化为单晶的 β-NiS 空心球；研究了不同 NiS 对废水中刚果红颜料的吸附性，结果表明，NiS 空心球对刚果红具有较好的吸附性能。

（4）奥斯瓦尔德熟化法制备 ZnS 空心球及抑菌性研究。在甘油和水的混合溶剂中，通过奥斯瓦尔德熟化法制备出了硫化锌（ZnS）空心球，通过改变反应条件，得到了单分散、大小均一的 ZnS 实心球和 ZnS 纳米粒子；并研究了不同结构的 ZnS 对枯草芽孢杆菌的抑菌性。结果表明，材料的形貌对其抑菌性能具有一定的影响。

（5）CeO_2 和 CeO_2/MnO_x 复合物核壳结构的制备。通过溶剂热法在酒石酸的辅助下制备了含铈的空心球结构前驱体，随后将空心结构的前驱体经过高温处理得到了核壳结构的 CeO_2。在高温处理过程中，空心球表面和内部扩散速率的差异导致了 CeO_2 核壳结构的形成。应用此方法本书作者还制备出核壳结构的 CeO_2/MnO_x 复合材料。

（6）类石墨烯结构的 MnO_2 超薄片的合成。以 $KMnO_4$ 和碳球为反应原料，在低温下利用两者之间的简单氧化还原反应，首先得到 $C@MnO_2$ 的核壳结构，延长反应时间得到了 MnO_2 超薄片。MnO_2 超薄片作为锂离子电池的电极材料表现出较好的电化学性能，在 200 mA·g^{-1} 电流密度下，首次放电容量为 906 mAh·g^{-1}，100 次循环后，放电容量为 732 mAh·g^{-1}。另外 MnO_2 超薄片还表现出较好的催化氧化 CO 性能。

作者

2022 年 12 月

目录

第1章 绪 论

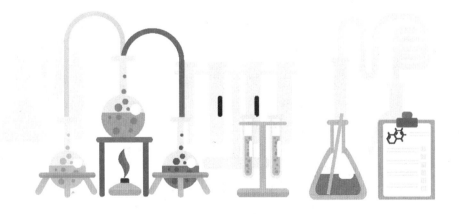

1.1　纳米材料的概述

早在 1959 年，诺贝尔奖获得者、著名物理学家理查德·费曼最早提出了"将单个分子甚至原子进行组装"的设想后，吸引了众多科研工作在纳米领域的探索。纳米科技的出现与发展开辟了人类认识世界的新层面，使人们改造自然的能力延伸到分子、原子水平的层次，同时带来了生物、能源、环境、信息、材料等诸多领域的重大变革。灵巧方便的纳米发动机、抗菌耐脏的纳米衣料、坚韧耐磨的纳米缆绳、无孔不入的纳米机器人等，已成为人们津津乐道的话题。

纳米材料是纳米科技发展的基础。近些年来，随着在纳米材料方面研究的不断深入，纳米材料越来越受到科研工作者的关注。纳米材料是指在三维空间中至少有一个维度的尺寸处于纳米范围内（1 ～ 100 nm）或者以它们为基本单元组装的材料。与常规块体材料相比，纳米材料因其特有的结构、尺寸而表现出小尺寸效应、表面与界面效应、量子尺寸效应、宏观量子隧道效应和介电限域等特殊的物理效应。正是这些效应使纳米材料表现出常规材料所不具备的物理、化学特性，而这些物理、化学特性使得纳米材料在电子、生物医学、催化等领域具有广阔的应用前景。因此引发了大量科研工作者的研究热情，促使人们在纳米材料的可控制备工艺、纳米结构及其性质的影响因素等方面做了大量的研究工作。

1.2　纳米材料的合成方法

纳米材料的合成工艺是纳米科技发展的关键，是纳米科学研究领域的重要内容之一。同种纳米材料不同的合成工艺和方法对材料的结构和性能有很大的影响，因此如何探索设计纳米材料的合成路径已成为科研工作者需要解决的问题。经过材料、物理、化学等多学科的交叉和相互借鉴，合成纳米材料的工艺取得了突破性的进展。科研工作者提出了许多制备纳米材料的化学或物理合成工艺，根据制备原料的状态可划分为液相法、固相法和气相法三种，根据制备过程中所涉及的化学、物理变化可分为化学法、物理法和化学物理混合法。寻找简单、温和、可控、绿色、普适的合成工艺来获得具有特定性能的纳米材料是科研工作者不断追求的目标。在众多的合成方法中，液相控制合成法提供了一条简单而又高效的路线。该方法简便、可控、普适性强，可制备多种纳米材料进而普遍被众多科研工作者所采纳。下面我们就几种比较常用和重要的液相合成法做简单的介绍。

1.2.1 水热法 / 溶剂热法

水热法是近年来合成纳米材料的一种非常重要的方法。水热法是以反应釜为反应容器，水溶液为反应介质，通过对反应体系加热，导致反应体系内产生高温（100～1 000 ℃）、高压（10～100 MPa）的反应环境，使得难溶或不溶的反应物质溶解，调控合适的反应条件，使得溶于水中的物质重新结晶而进行纳米材料合成的一种有效方法。利用水热法合成的纳米材料具有分散性好、纯度高和结晶性良好等优点，避免了因高温灼烧处理而引起的材料结构的缺陷和粉体的团聚。因此水热法已成为纳米材料制备的较好方法。

水热合成技术已广泛应用于纳米材料的制备，并且制备出了许多形貌新颖、性质独特的纳米材料。例如，东北师范大学 Cao 等用水热法以 $K_3[Fe(CN)_6]$ 为反应原料制备了松树枝状的 α-Fe_2O_3；Zhang 等同样以 $K_3[Fe(CN)_6]$ 为反应原料，加入 $NH_3 \cdot H_2O$ 或 NaOH 溶液调节反应溶液的 pH 值，利用水热法制备出不同形貌的 α-Fe_2O_3；本书作者课题组利用水热法制备多种结构新颖的纳米材料，如多面体结构的 α-Fe$_2$O$_3$、拼图结构的金属单质 Cu、笼状的 ZnO 超结构、鼓状的 Cd（OH）$_2$ 超结构等。目前水热法已成为众多纳米材料制备方法中十分重要的手段。

溶剂热法作为纳米材料的另一种合成方法，它与水热法的区别在于将水替换成有机溶剂，在有机溶剂的介质下设计合成反应来制备纳米材料。溶剂热法是对水热制备方法的补充。溶剂热法作为一种液相合成技术，在纳米材料的合成、形貌控制和性能调控等方面已取得了很多进展，随着科研工作者对溶剂热合成技术认知的不断深入，溶剂热法必将在材料合成领域有着很好的应用。例如，Zou 等采用溶剂热法制备出了 Zn$_2$GeO$_4$ 单晶纳米带，该材料在光还原 CO$_2$ 转化为碳氢化合物燃料的反应中表现出优良的催化活性；Fu 等采用乙二醇和乙醇为反应溶剂合成了 Bi$_2$MoO$_6$ 超结构空心球，并研究了其可见光催化性质；Fang 等利用溶剂热法，以乙醇和四氢呋喃为混合溶剂合成了 α-Fe$_2$O$_3$ 纳米簇，通过改变溶剂热的反应条件实现了对 α-Fe$_2$O$_3$ 纳米簇大小的调控，α-Fe$_2$O$_3$ 纳米簇在废水处理、气体传感器表现出优良的特性。

1.2.2 微乳液法

微乳液通常是有两种互不相溶的液体在表面活性剂作用下形成的具有热力学和动力学稳定、各向同性、外观透明或半透明、粒径在 1～100 nm 的分散体系。微乳液法具有实验装置简单、易操作等优点，并且该方法制备的纳米粒子的表面包裹一层表面活性剂分子，使得纳米粒子具有单分散性好、尺寸大小可控和粒子不易团聚等优点。

1.2.3 化学共沉淀法

化学共沉淀法被广泛应用于氧化物及其复合氧化物的合成。该方法突出的优点是简单易行，在常温条件下就可以生成接近化学计量比的产物；与固相反应相比，产物更易达到组成的均匀性。在化学共沉淀法中，产物的粒径大小易受反应温度、反应物浓度、溶液 pH 值等参数的影响。在均相溶液中，通常加入一些有机分子来控制沉淀过程中阴阳离子的释放速度，进而调控晶体成核与生长的动力学过程，得到单分散纳米离子。目前采用化学共沉淀法已制备出多种纳米材料。

1.3　纳米材料的应用

随着纳米技术的发展，纳米材料的应用已取得了长足的发展，并且越来越影响着我们的生活。例如在衣料中添加具有自动灭菌和消毒的纳米材料，消费者就能穿上具有杀菌、除臭和防霉功能的内衣和外套；有的纳米材料具有吸收紫外线的功能，在防晒霜化妆品中加入功能纳米材料，防晒霜化妆品便具备了防紫外线的功能；纳米粒子可以制成智能药物的载体（纳米机器人）进行局部的定向治疗。随着对纳米效应本质的进一步研究，本书作者相信纳米材料会给我们带来更多更大的惊喜。

1.3.1 纳米材料在催化领域的应用

纳米粒子尺寸小、比表面积大，表面原子占有较大的体积分数，表面的键态和电子态与粒子内部不同，表面原子配位不完全导致纳米粒子的表面活性增加，上述要素使其具备了作为催化剂的基本条件。首先纳米粒子粒径小，比表面积大，使得催化效率提高；其次生成的电子—空穴在纳米粒子表面的数量多，也能提高其催化效率；再次纳米粒子分散到介质中，通常具有透明性，易于运用光学手段和方法进行跟踪检测。近年来，大量文献报道了一些金属纳米粒子，金属硫化物、氧化物、复合氧化物等材料作为催化剂，展现出优异的催化效果。

1.3.2 纳米材料在能源领域的应用

能源与人类的生活密切相关。随着不可再生化石能源的逐渐消耗以及化石能源使用所带来的环境问题的日益突出，科研工作者一直希望能找到一种清洁、可再生的能源来替代化石能源以满足人类的需要。风能、地热能、太阳能、潮汐能等这些自然能源的利用对人类社会的可持续发展有着重大意义。但是自然资源具有不稳定性和不连续性，所以通常需要能量存储装置来实现对这些能源的利用。化学电池和静电电容器是两类最常见的储能元件。超级电容器，又称为电化学电容器，是一种性能介于传统电容器和电池之间的新型储能元件。因超级电容器具有存储电荷能力强、充放电速度快、效率高、循环寿命长、安全性高、对环境无污染等特性，近年来被广泛应用于信息通信、航空航天、国防等领域，显示出了前所未有的应用前景。但超级电容器同时也存在一些问题，特别是在大电流密度放电时，功率密度和能量密度衰减得很快。为了解决这一问题，科研工作者对超级电容器的电极材料进行了改进。纳米材料因其尺寸小、比表面积大、反应活性高而被选作超级电容器的电极材料，其在电化学储能方面显示出超乎想象的优势。目前文献中报道较多的用作超级电容器的电极材料主要有碳材料，金属氧化物、氢氧化物以及一些复合材料。大量实验表明，纳米材料作为电极材料可以显著提高超级电容器的性能。

纳米材料除了用作超级电容器的电极材料外，还可以应用到锂离子电池上。锂离子电池以其能量密度大、电压平台高等优良性能已成为手机、笔记本电脑、数码相机、电动车等产品的首选动力能源。目前主要使用一些金属氧化物、复合氧化物纳米材料作为锂离子电池的电极材料并表现出良好的应用价值。

1.3.3 纳米材料在医学中的应用

医学的发展离不开化学，纳米材料凭借其特有的效应和功能而被广泛应用到医学领域。纳米粒子材料可以用作药物的载体，如磁性纳米粒子材料因其良好的生物相容性就可作为很好的药物载体，将化学药物负载到磁性纳米材料上，在外磁场的作用下，可以将负载有药物的纳米磁性粒子集中到病患部位，进行定位治疗，利于提高药效，减少对其他正常细胞的损害。近来，作者所在课题组制备了 NiO 纳米管，不同形貌的 Cu_2O、$Ni_3(BO_3)_2$ 纳米带，CuO 和 Cu/C，金属单质 Cu 等纳米材料，并研究了它们对一些常见细菌的抑菌活性。这些实验结果为临床医药基础研究提供了一些参考。在医疗领域，随着生物科技和纳米技术的相互交叉和借鉴，纳米材料在医药领域的不断深入研究，新型的纳米医疗产品将层出不穷，其性能也会因纳米材料的介入而不断提高。

此外，纳米材料在磁性、光学、仿生、传感和探测等领域也有着广泛的应用。随着对纳米材料进一步深入的研究，我们相信纳米材料必然会给我们带来更多的惊喜，为人类生活和社会的发展提供更好的服务。

1.4 中空材料及合成方法的介绍

中空微纳结构材料与实心材料相比因其具有比表面积大、密度小等优点而在催化、医药和能源等领域的应用备受关注。例如，将难溶的功能活性成分负载到中空微纳结构的孔隙中，可以提高难溶物质的溶解度；中空微纳结构作为催化剂相比于实心材料可有效增加其在催化反应中的活性位点数；通过改变中空微纳结构的组分、形貌、尺寸、壳壁厚度、孔隙率等特征可以实现对其化学和物理性能的调节。因此，中空微纳材料为纳米材料的功能化提供了研究的空间。鉴于中空微纳材料具有广泛的应用前景，大量中空微纳材料的制备方法得到发展。下面我们对几种常用的中空材料的合成方法做简单介绍。

1.4.1 传统模板法

传统模板法包括硬模板法和软模板法两种方法。硬模板法和软模板法是常用制备中空微纳材料的方法，但上述两种方法却存在着某些不足。

例如硬模板法工艺步骤烦琐，不适合于大规模合成，另外在去除硬模板时，所得产物的壳层结构也往往变得疏松甚至被破坏；利用软模板法制备的产物其尺寸大小均一性差，软模板的形成过程复杂，难以实现中空微纳结构材料的大规模制备。

1.4.2 奥斯瓦尔德（Ostwald）熟化

Ostwald 熟化是指溶液相中自发重结晶的过程，Ostwald 熟化过程是"由于小晶粒溶解度大，大晶粒通过消耗小晶粒而生长"的现象。Ostwald 熟化可避免模板法中后续处理的烦琐过程，能够制备出由模板法难以获得的大小和形貌均一的中空结构材料。Ostwald 熟化法作为一种高效、简便的中空微纳结构的制备方法，引起了科研工作者的兴趣。目前，人们利用 Ostwald 熟化已经成功制备出了多种中空微纳结构材料，如 NiO、Ni（OH）$_2$、SnO$_2$、Cu$_2$O、Fe$_3$O$_4$ 等。

1.4.3 柯肯达尔效应

柯肯达尔效应最初是指两种扩散速率不同的金属在扩散过程中会形成缺陷，现在已成为制备中空材料的一种方法。柯肯达尔效应制备中空材料是利用核层和壳层物质的相互扩散，由于扩散速率的不同而形成中空结构。基于金属学中金属单质和化合物在体相或薄膜中扩散速率的数据，近年来，利用柯肯达尔效应合成中空结构材料多有报道。研究者们相继制备出了 CoS、AuPt 合金、Nb$_2$O$_5$ 等。

1.5　金属硫化物、氧化物纳米材料的介绍

金属硫化物是纳米材料中一类重要的半导体功能材料。在近年来兴起的纳米材料研究热潮中，金属硫化物材料越来越受到科研工作者的关注，这不仅因为金属硫化物半导体在基础理论研究方面具有重要的意义，

而且在气敏传感器、红外探测器、太阳能电池、颜料、抗菌、催化等领域也具有广阔的实际应用前景。

1.5.1 CdS 纳米材料

硫化镉是典型的 Ⅱ–Ⅵ族半导体化合物，其禁带宽度为 2.4 eV，属于直接带隙，具有很好的发光性能和光电转换特性。利用纳米技术将 CdS 纳米化后，纳米结构的 CdS 禁带宽度会发生明显的变化，与块体 CdS 相比表现出更优异的光电性能，因此在太阳能电池、光电显示器、高性能发光二极管等器件制备领域引起了研发人员极大的兴趣。近几年，人们在 CdS 尺寸和形貌调控合成方面进行了大量研究，并取得了丰硕的研究成果。例如：Qian 等以醋酸镉和 L–半胱氨酸为反应物、水和乙二胺为反应溶剂，通过改变水和乙二胺的体积比得到了三维和一维的 CdS 纳米结构；Liu 等在水和二甲亚砜的混合溶剂中制得了树叶状的 CdS。作者所在课题组利用一系列氨基酸作为辅助剂，醋酸镉和硫脲作为反应物合成了花状和树叶状的 CdS。研究表明，通过控制氨基酸的用量，可以实现 CdS 从棒状到树叶状再到花状的可控合成。

1.5.2 硫化铋纳米材料

硫化铋是一种具有层状结构、能带间隙值为 1.3 eV 的半导体材料。近年来，Bi_2S_3 的研究主要集中在合成不同形貌和性质的纳米结构上，新颖的纳米结构通常具有独特的性能，从而在传感器、光电、热电、生物医学等众多领域有新的应用。例如 Bi_2S_3 纳米颗粒在 800 nm 处有个吸收边，是一种很好的太阳能电池光敏材料。已有多种合成方法被运用来制备不同形貌和结构的 Bi_2S_3。例如，Qi 等分别以 BiOCl 微米球和微米片为模板成功制备了 Bi_2S_3 的核壳结构和二维网状结构；Lu 等以谷胱甘肽和和溶菌酶等生物分子为辅助剂制备了雪花状和纳米线结构的 Bi_2S_3。

1.5.3 硫化镍纳米材料

硫化镍是一种具有 3d 价电子层结构的无机功能材料，硫化镍具有很强的微波吸收性能，可用作飞机的隐身材料。同时硫化镍具有磁热效应，可用作磁制冷材料，广泛应用在磁共振成像、空间技术、粒子加速器、超导体等诸多领域。材料的性质往往与它们的大小和形貌有关，近年来人们已经发展了许多有效的方法来调控合成硫化镍的形貌和尺寸。Zhang 等通过水热法制备了花状结构的 Ni_7S_6 化合物，该物质在有机催化加氢反应中展现了良好的催化活性；Xie 等同样用水热法制备了由一维棒状 NiS 组装成的花状超结构并研究了其形成的机理；Zhu 等以 Ni（OH）$_2$ 空心球为模板，通过离子置换反应制得了 β–NiS 和 α–NiS 混合相的空心球，并研究了其作为锂离子电池阴极材料的电化学性能。

1.5.4 硫化锌纳米材料

硫化锌是典型的 Ⅱ–Ⅵ族宽禁带半导体材料，是一种优良的光电材料。硫化锌广泛存在于多种矿物中，其在矿物中存在的结构有两种，即闪锌矿结构和纤维锌矿结构。硫化锌具有良好的光学性质，还常被用作阻燃剂、人造橡胶、热固塑料、强化纤维玻璃以及分散剂的组分。近年来，各种 ZnS 纳米结构已被成功合成出来。Qian 等以醋酸锌和 L-半胱氨酸为反应物、水和乙二胺为反应溶剂，通过改变水和乙二胺的体积比得到了三维和一维的 ZnS 纳米结构；Yu 等通过奥斯瓦尔德熟化合成了 ZnS 空心球；Wang 等利用水热法合成了单分散的 ZnS 纳米球并表现出良好的抑菌性。

1.5.5 二氧化锰纳米材料

二氧化锰是一种重要工业用途的氧化物，它因具有离子交换和分子吸附性能，可作为离子筛、分子筛和催化剂；同时它又具有磁性和电化学性能，可作为新型磁性材料和电极材料。通常认为物质的结构对其性能有很大影响，因此合成不同晶型及不同形貌的二氧化锰纳米材料对研究其性能具有很大意义。目前已有文献报道合成了各种结构的 MnO_2 纳米材料，例如，Xie 等在室温下以 $AgNO_3$ 作为催化剂通过氧化还原反应制得了核壳结构的 MnO_2；Li 等以 $MnCO_3$ 为硬模板制得了空心球结构的 MnO_2，该结构在废水处理方面显示出较好的性能；Hu 等利用水热反应制得了超长的 MnO_2 纳米线，并有良好的电化学性能。

1.5.6 二氧化铈纳米材料

二氧化铈是一种用途极广、廉价的稀土化合物，目前已在汽车尾气净化处理、紫外吸收、发光材料、电子陶瓷等领域得到应用。随着汽车用量的增加，汽车尾气的排放严重污染了环境，控制汽车尾气排放成为保护环境亟待解决的问题。汽车尾气净化催化剂有多种，贵金属 Pd、Pt 等常用作此类催化剂，但由于贵金属价格昂贵很难普遍推广。二氧化铈材料的出现有望解决这一问题，从而吸引众多科研工作者的研究。Xia 等利用液相法合成了 CeO_2 超薄片；Wu 等在无模板的情况下制备了核壳结构的 CeO_2；Zhang 等通过改变反应条件分别得到了 CeO_2 的纳米棒、纳米管、纳米线和立方块，并研究了它们在 CO 转化为 CO_2 方面的催化性能。

第 2 章　奥斯瓦尔德熟化法制备 CdS 空心球及光催化活性研究

2.1　引言

　　纳米材料因具有特殊的尺寸和形貌，从而使其具有优异的性能。在众多纳米结构中，具有空心结构的纳米材料表现出诸多优点，例如多孔结构、渗透性好、比表面积大，并且在锂电子电池、催化、传感器以及载药等领域有着广泛的应用。空心结构的纳米材料一般采用软模板或硬模板法来获得。然而在某些情况下，用模板法制备过程过于烦琐，在一定程度上限制了它们在制备空心结构纳米材料中的应用。除模板法之外，基于柯肯达尔效应或奥斯瓦尔德熟化的方法已被广泛用于制备空心结构纳米材料中。然而，与模板法相比，简单、易行的方法在制备空心结构方面进展缓慢。采用简单的方法制备空心结构仍是当前一个具有挑战性的课题。近期，一种基于蚀刻制备空心结构的方法取得了进展，此方法简单、易行、成本低。这给研究者提供了一条新的思路来制备空心结构，目前运用该方法得到了氧化锌（ZnO）、氧化锡（SnO_2）和三氧化二铁（Fe_2O_3）等空心结构。

　　当前，在利用生物大分子独特的性能来辅助合成纳米材料引起了人们的广泛关注。生物大分子因其具有独特的空间限域效应及自组装特性，在纳米材料生长过程中可以起关键的作用。这些大分子可通过物理吸附、静电结合、特定识别、共价耦合等方式与纳米材料相互作用，从而得到一些重要的具有超结构的纳米材料。羧甲基壳聚糖是一种我们生活中常见的绿色聚阴离子生物大分子，它被广泛应用于各种行业中，例如药品、化妆品、食品、纺织品等领域。羧甲基壳聚糖的分子中包含大量的羧甲基基团，它可以与金属离子螯合，这对纳米材料的控制合成是非常有益的。硫化镉（CdS），是一种重要的 II – VI 族半导体材料，因其在光催化和光生物标记领域的诸多应用而得到了大量的研究。到目前为止，制备空心结构的 CdS 一直采用的是软模板法。聚乙二醇、聚苯乙烯、三嵌段共聚物和气泡都可用来作为软模板来制备空心结构 CdS。

本章中，在羧甲基壳聚糖生物大分子存在的条件下，我们通过奥斯瓦尔德熟化法制备了空心球结构的 CdS。此方法简单、易行、廉价。所得到 CdS 实心球和空心球结构的光催化活性与结构密切相关。在可见光照射下，与实心球 CdS 相比空心球 CdS 表现出更好的降解甲基橙光催化性能。

2.2 实验部分

2.2.1 材料的合成

在磁力搅拌下，将 0.5 mmol Cd（NO$_3$）$_2$·5H$_2$O 溶解于 7 mL 去离子水中。然后将 3 mL 25% 的氨水和 3 mol L– 半胱氨酸加入上述溶液中，随后再加入 10 mL 5.6 g·L^{-1} 羧甲基壳聚糖水溶液。搅拌 5 min 后，将上述反应混合物转移到 35 mL 聚四氟乙烯内胆的不锈钢反应釜中，并在 140℃下水热反应 6 h。然后自然冷却至室温，将所得产物离心分离，并用去离子水和乙醇各洗涤数次，在 50 ℃ 烘箱中干燥 12 h。

2.2.2 材料的表征

所制备样品的物相分析在 Shimadzu XRD-6000 型 X 射线粉末衍射仪（Cu Kα，λ=1.541 8 Å[①]）上测定得到。扫描电子显微镜（SEM）照片用 Hitachi S-4800 场发射扫描电镜获得，工作电压为 10 kV。透射电子显微镜（TEM）照片、高分辨透射电镜（HRTEM）照片及选区电

---

① 1Å=0.1nm=10^{-1}m。

子衍射（SAED）花样照片由 JEM-2100 透射电镜拍摄获得，加速电压为 200 kV。紫外 – 可见漫反射光谱采用 $BaSO_4$ 作为参照物由 Shimadzu UV–3600 分光光度计来完成。

2.2.3 光催化测试

所制备 CdS 样品对甲基橙光催化活性测试步骤如下：在室温下，将 20 mg 的 CdS 样品加入 50 mL 5.0×10^{-5} mol·L^{-1} 甲基橙（MO）水溶液中。在光照射前，将上述溶液在暗处磁力搅拌 30 min 以确保 CdS 样品与甲基橙达到吸附 / 脱附平衡。然后采用 300 W 氙灯（$\lambda < 420$ nm）作为激发光源来进行实验。每照射一段时间，取出约 4 mL 溶液，通过转速为 10 000 r·min^{-1} 离心分离后，取出一定量溶液用 Hitachi U–3900 分光光度计来测其吸光度。

2.3　结果与讨论

2.3.1 CdS 样品的表征

图 2.1（a）给出了所得样品的 XRD 图谱。这与 JCPDS（card no. 41–1049）标准数据相吻合，说明所得样品为六方纤锌矿结构的 CdS。用 X 射线能谱（EDX）进一步分析所得样品的化学组成。如图 2.1（b）所示，图中除了观察到 Cd、S 和 C 峰外，并没有发现其他元素的峰，其中 C 峰来自于样品表征时所用的导电胶。定量分析证实，Cd/S 的原子比约为 1：1。上述实验结果表明，所得 CdS 晶体具有较高的纯度和结晶度。

产物的尺寸和形貌通过扫描电镜（SEM）和透射电镜（TEM）照片进行分析。图 2.2（a）为所得 CdS 空心球样品的 SEM 照片，由图可知，样品为直径在 130 ～ 260 nm 范围的纳米球，粒子大小较均一。如图 2.2（b）所示，部分开口的纳米球显示所得 CdS 纳米球为空心结构。根据放大的 SEM 照片 [图 2.2（c）] 可知，CdS 空心球是由许多约为 30 nm 的粒子组成，且空心球的表面比较粗糙。图2.2（d）为样品TEM照片，从图中可清楚地观察到，样品边缘与中央部分存在较大的明暗衬度差异，进一步证实了样品为空心结构。图2.2（e）中的插图是CdS的选区电子衍射花样，由此可知CdS空心球为多晶。由图2.2（f）中的HRTEM照片，可清晰地观察到样品的晶格条纹，其面间距约为0.27 nm，这与六方相CdS的（102）晶面相对应。

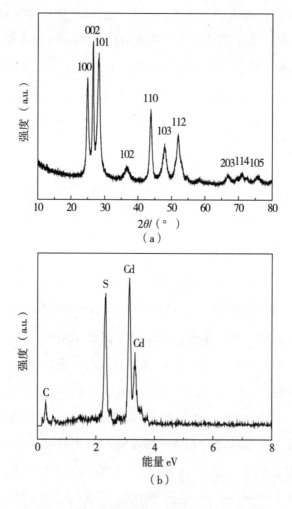

图2.1　CdS空心球的XRD图谱和EDX图谱

（a）CdS空心球的XRD图谱；（b）CdS空心球的EDX图谱

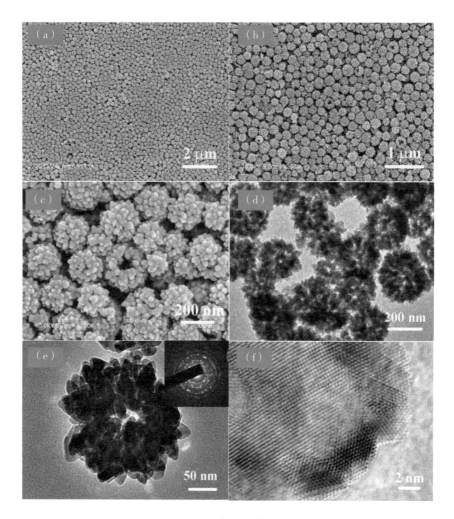

图 2.2 CdS 空心球样品的表征

（a）~（c）SEM 照片；（d）（e）TEM 照片（插图为选区电子衍射花样）；（f）高分辨照片

2.3.2 反应条件对产物形貌的影响

在此反应体系中，对于制备 CdS 空心球，氨水和羧甲基壳聚糖起着重要的作用。如果不使用羧甲基壳聚糖，仅能得到尺寸为 20 ~ 40 nm 的 CdS 纳米颗粒［图 2.3（a）］。如果仅使用羧甲基壳聚糖，只能得到均匀 CdS 实心球［图 2.3（b）］。

（a）　　　　　　　　　　　　（b）

图 2.3　不同条件下所得产物的 SEM 照片

（a）加入氨水未加羧甲基壳聚糖所得产物 SEM 照片；

（b）加入羧甲基壳聚糖未加氨水所得产物 SEM 照片

2.3.3 空心球 CdS 的形成机理

　　为了研究 CdS 空心球形成的机理，作者做了一系列随反应时间变化的实验，即在 140℃下水热反应不同的时间。当反应时间为 1 h 时，所得产物为结晶性良好的 CdS［图 2.4（a）］。通过 SEM 和 TEM 表征，表明反应 1 h 所得样品为纳米粒子所组成的实心球［图 2.5（a）、图 2.5（b）］。当反应时间增加到 3 h［图 2.4（b）］，从 SEM 图 2.5（c）中可以看出样品仍然为球形，但从 TEM 图中可看出球的边缘和中心位置明暗衬度有明显差异［图 2.5（d）］，这表明反应时间为 3 h 时，已经形成了 CdS 空心球结构。

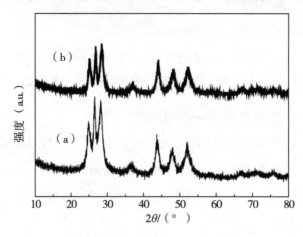

图 2.4　140℃不同反应时间下所得 CdS 样品的 XRD 图谱

（a）1 h；（b）3 h

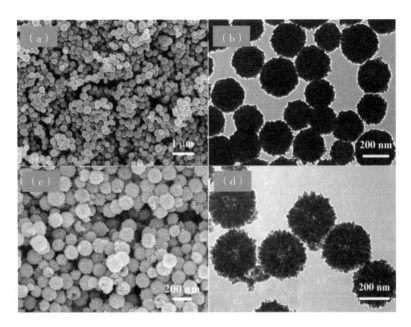

图 2.5　140℃不同反应时间下所得 CdS 样品的 SEM 和 TEM 照片
（a）（b）1 h；（c）（d）3 h

　　根据上述实验结果，作者提出了 CdS 空心球形成机理（图 2.6）。反应的第一步，在碱性条件下，CdS 纳米粒子在过饱和溶液中成核。由于反应体系中引入了含有大量羧基基团的羧甲基壳聚糖，羧甲基壳聚糖能够通过羧基与金属 Cd^{2+} 相互作用，为了使 CdS 纳米粒子的表面能降到最小化，在羧甲基壳聚糖的作用下，新形成的 CdS 纳米粒子聚合成球。Cd^{2+} 与氨水可形成 $[Cd(NH_3)_4]^{2+}$ 配合物，在水热条件下，$[Cd(NH_3)_4]^{2+}$ 与 S^{2-} 反应生成 CdS。形成 CdS 沉淀后，CdS 被 NH_3 溶解生成 $[Cd(NH_3)_4]^{2+}$，从而形成一种溶解再析出的动态平衡。在此动态平衡下，CdS 纳米粒子在表面不断长大，通过奥斯瓦尔德熟化内部 CdS 纳米粒子不断向表面移动。最终导致了 CdS 空心球的形成。

　　上述所提到的形成机制，可以将通过较低温度获得的实验结果进一步证明。当反应温度为 100 ℃，反应时间为 6 h，所得到的 CdS 样品为实心球［图 2.7（a）］，这就表明低温不利于空心结构的形成。随着反应温度的降低，氨与 Cd²⁺ 的配位作用较弱，Cd²⁺ 从 CdS 纳米粒子中解离出来也变得相对困难，从而溶液中自由 Cd²⁺ 离子数较少，$[\mathrm{Cd}(\mathrm{NH}_3)_4]^{2+}$ 便不易形成。在较低的温度下，CdS 溶解析出的过程需要较长的时间，因此 100 ℃下反应 6 h 仅得到 CdS 实心球。为了在 100 ℃下获得空心球结构，则需要较长的反应时间。图 2.7（b）为在水热条件下反应 24 h 得到 CdS 样品扫描电镜图。由图可知，在 100 ℃下，反应 24 h 后，CdS 实心球变为空心球。

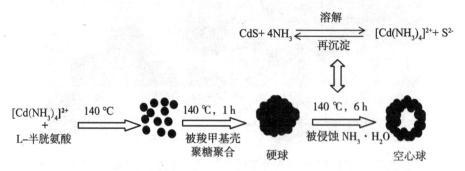

图 2.6　CdS 空心球形成机理

（a）　　　　　　　　　　　（b）

图 2.7　100℃不同反应时间下所得 CdS 样品的 SEM 照片

（a）6 h；（b）24 h

2.3.4 光催化性能测试

图 2.8 给出了 CdS 空心球和实心球样品的紫外 - 可见漫反射光谱。如图所示，这些样品在可见光范围内均有较强的吸收，这可归因于 CdS 固有的带隙吸收。在可见光范围内，空心球 CdS 的吸收边比实心球 CdS

有明显的红移，这表明空心球 CdS 比实心球有更窄的带隙。空心球 CdS 与两个实心球样品的直接带隙值分别约为 2.20 eV、2.30 eV、2.61 eV，这也进一步证实与实心球 CdS 相比，空心球 CdS 具有较窄的带隙。这可通过 CdS 纳米粒子尺寸大小不同来解释，纳米粒子越大，带隙值就越小。在奥斯瓦尔德熟化过程中，小尺寸的 CdS 纳米颗粒相对容易发生溶解，然后在表面沉淀生长成较大尺寸的颗粒。因此，空心球 CdS 比实心球 CdS 具有更小的带隙值。另外，两个实心球 CdS 样品的带隙值也不同，这同样是由两个样品中纳米粒子尺寸大小不同所导致的。

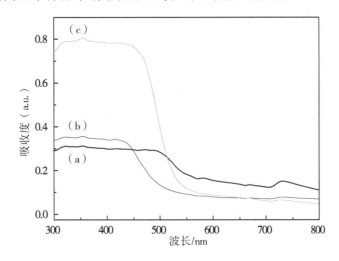

图 2.8　CdS 空心球和实心球样品的紫外 – 可见漫反射光谱

（a）空心球 CdS；（b）100 ℃反应 6h 所得 CdS；（c）140 ℃反应 1 h 所得 CdS

为了研究 CdS 纳米微球光催化活性，作者通过光催化降解甲基橙来评估其光催化活性。如图 2.9（a）所示，甲基橙溶液在 463 nm 处有一个特征吸收峰，随着光照射时间的增加，甲基橙的特征吸收峰强度逐渐减弱，这证明空心球 CdS 对降解甲基橙表现出良好的光催化活性。图 2.9（b）是加入不同催化剂后甲基橙降解程度与照射时间的关系曲线。对未加入 CdS 的空白试验来说，甲基橙降解很少；对于实心球 CdS（140 ℃，反应 1 h 所得），照射 180 min 后，87% 的甲基橙被降解。对于 100 ℃

反应 6 h 得到实心球 CdS，照射 180 min，仅 77% 的甲基橙被降解；然而，对于空心球 CdS，180 min 照射后，98% 的甲基橙被降解。结果表明，空心球 CdS 对降解甲基橙具有优异的光催化活性，且 CdS 光催化活性与其结构密切相关。

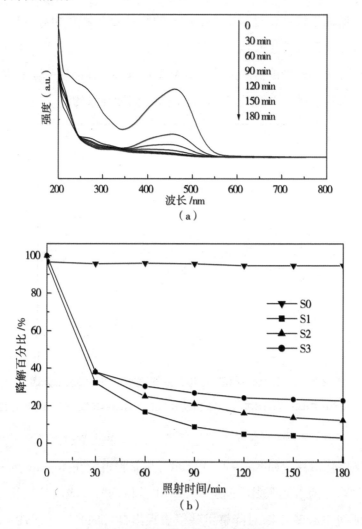

图 2.9　甲基橙光催化活性评估图

（a）CdS 空心球为催化剂，不同照射时间下甲基橙可见光吸收光谱；（b）空白和不同 CdS 样品光降解甲基橙的程度与照射时间的关系曲线（S0：空白；S1：空心球 CdS；S2：100 ℃反应 6 h 所得 CdS；S3：140 ℃反应 1 h 所得 CdS）

　　一般来说，催化活性与催化剂颗粒的大小有关，颗粒越小的催化剂具有的催化活性越好。研究结果表明，催化剂颗粒的大小并不是决定其催化活性的唯一因素，催化剂的结构在催化过程中也起着重要的作用。空心球 CdS 中纳米粒子尺寸最大，但它对甲基橙的降解光催化性能最佳，这可归因于其独特的空心结构。一般而言，空心球内部的中空结构含有大量的孔隙，这些孔隙能发生光散射，有利于在光催化过程中提高吸光效率，以及增加光生电子和空穴的数量。

2.4　本章小结

　　本章中，在羧甲基壳聚糖的存在下通过奥斯瓦尔德熟化法制备出了空心球 CdS。羧甲基壳聚糖通过羧基与金属 Cd^{2+} 相互作用，在羧甲基壳聚糖的作用下，首先形成了 CdS 纳米粒子聚合成的实心球。由于 CdS 在溶液中存在着一个溶解 – 析出的过程，CdS 纳米粒子在球的表面慢慢长大，通过奥斯瓦尔德熟化的过程，内部 CdS 纳米粒子不断向表面移动，所以通过奥斯瓦尔德熟化和氨水的共同作用形成了 CdS 空心球。作者还对 CdS 光催化活性进行了研究，研究结果表明，CdS 微球的光催化活性依赖于其自身结构。尽管空心球 CdS 的纳米粒子尺寸比实心球的大，但因其独特的空心结构，空心球 CdS 表现出更好的光催化活性。

第 3 章　由 Bi$_2$S$_3$ 纳米棒组成多级 Bi$_2$S$_3$ 超结构的合成

3.1　引言

一维（1D）纳米结构如纳米管、纳米棒、纳米线，因其独特的性质和潜在应用已成为人们研究的热点。最近，由一维结构组成的二维、三维或复杂超结构功能材料为我们提供了大量机会来研究它们独特的性质，因其独特的结构、较好的性能在材料领域已得到广泛的关注。目前，通过不同的实验方法，已成功制备出一维纳米材料组装的复杂超结构。然而，探索简单、温和、有效的方法来制备新颖复杂的超结构仍是一个具有挑战性的课题。

硫化铋（Bi$_2$S$_3$）是一种带隙为 1.3 eV 具有层状结构的半导体材料，在催化、传感器、光电纳米器件及锂离子电池等领域具有潜在的应用价值。近年来，人们已制备出硫化铋复杂的超结构纳米材料，例如雪花状、核壳微球、束状、交叉纳米纤维等。然而，基于一维纳米结构组装成的超结构 Bi$_2$S$_3$ 还鲜有报道。

在本章中，我们利用准微乳液法首先制备了由纳米片组装成的 BiOCOOH 空心球结构，通过改变反应条件得到了由纳米片组装成的花状结构 BiOCOOH。以 BiOCOOH 为反应源、硫代乙酰胺（TAA）为硫源，制备出了二维席子状组装成的超结构 Bi$_2$S$_3$ 空心球和花状结构。BiOCOOH 与 Bi$_2$S$_3$ 晶格匹配是形成 Bi$_2$S$_3$ 超结构的原因。另外，我们还研究了反应时间、温度对 Bi$_2$S$_3$ 超结构的影响。

3.2 实验部分

3.2.1 材料的合成

制备超结构 BiOCOOH 空心球：在磁力搅拌下，将 1.0 mmol Bi（NO$_3$）·5H$_2$O 溶解在 12 mL 甘油、3 mL 去离子水、5 mL 二甲基甲酰胺（DMF）的混合溶液中；将获得的均一溶液转移到 35 mL 聚四氟乙烯内胆的不锈钢反应釜中，在 160 ℃下水热反应 12 h；冷却至室温，将所得产物离心分离，并用去离子水和乙醇各洗涤数次，在 50 ℃烘箱中干燥 12 h。

制备花状结构 BiOCOOH：在磁力搅拌下，将 1.0 mmol Bi（NO$_3$）·5H$_2$O 溶解在 15 mL 去离子水和 5 mL 二甲基甲酰胺（DMF）的混合溶液中；搅拌几分钟后，将此混合溶液转移到 35 mL 聚四氟乙烯内胆的不锈钢反应釜中，在 160 ℃下水热反应 12 h；冷却至室温，将所得产物离心分离，并用去离子水和乙醇各洗涤数次，在 50 ℃烘箱中干燥 12 h。

制备超结构 Bi$_2$S$_3$：在磁力搅拌下，将 1 mmol BiOCOOH（空心球结构或花状结构）和 0.5 mmol 硫代乙酰胺（TAA）加入 20 mL 去离子水中；搅拌几分钟后，将此混合溶液转移到 35 mL 聚四氟乙烯内胆的不锈钢反应釜中，在 120 ℃下水热反应 12 h；冷却至室温，将所得产物离心分离，并用去离子水和乙醇各洗涤数次，在 50 ℃烘箱中干燥 12 h。

3.2.2 材料的表征

所制备样品的物相分析在 Shimadzu XRD-6000 型 X 射线粉末衍射仪（Cu Kα，λ=1.541 8 Å）上得到。扫描电子显微镜（SEM）照片在 Hitachi S-4800 场发射扫描电镜上获得，工作电压为 10 kV。透射电子显微镜（TEM）照片、高分辨透射电子显微镜照片（HRTEM）及选区电子衍射花样（SAED）照片是由 JEM-2100 透射电镜拍摄得到，加速电压为 200 kV。紫外－可见漫反射光谱采用 BaSO$_4$ 作为参照物由 Shimadzu UV-3600 分光光度计来完成。

3.2.3 光催化测试

所得 BiOCOOH 样品对罗丹明 B（RhB）的光催化活性测试：在室温下，将 10 mg 的 BiOCOOH 加入 50 mL 1.0 × 10^{-5} mol · L^{-1} 罗丹明 B 水溶液中。在光照射前，将上述溶液在暗处磁力搅拌 30 min 以确保 BiOCOOH 与罗丹明 B 达到吸附 / 脱附平衡；然后采用 300 W 氙灯作为激发光源，每照射一段时间，取出大约 4 mL 的液体，离心分离后，采用 Hitachi U-3900 分光光度计来测其吸光度。

3.3　结果与讨论

3.3.1 BiOCOOH 样品的表征

图 3.1 给出了在不同反应条件下 160 ℃ 水热反应 12 h 所得样品的 XRD 图谱。由图可知，所有衍射峰与（JCPDS 35-0939：a=3.914 5 Å，b=3.914 5 Å，c=10.335 8 Å）标准图谱相吻合，说明该物质是四方晶系的 BiOCOOH，在图谱中没有杂质峰的出现，说明样品具有较高的纯度。

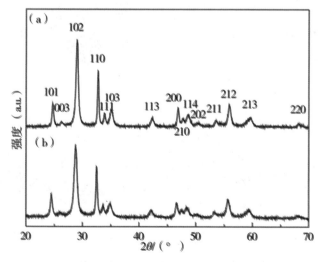

图 3.1　在不同反应条件下 160 ℃水热反应 12 h 所得样品的 XRD 图谱

（a）空心球结构；（b）花状结构

　　图 3.2 给出了在不同反应条件下 160 ℃ 水热反应 12 h 所得 BiOCOOH 样品的 SEM 和 TEM 照片。图 3.2（a）至图 3.2（c）是在甘油和水混合溶剂中所得样品的 SEM 照片，从图可知所得 BiOCOOH 是三维超结构空心球，空心球由片状组成，且片的表面是光滑的［图 3.2（c）］。从［图 3.2（d）］中的 TEM 照片可清楚地观察到球体中心和边缘之间存在较大程度上的明暗衬度差异，进一步证实了该样品为空心结构。图 3.2（e）和图 3.2（f）是在纯水中所得样品的 SEM 照片，从中可知所得 BiOCOOH 为花状结构，组成花状结构 BiOCOOH 的片同样具有光滑的表面。

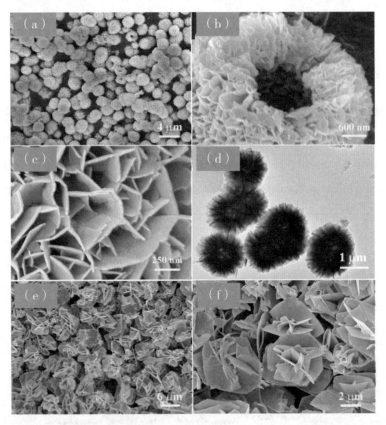

图 3.2　不同反应条件下 160 ℃ 水热反应 12 h 所得 BiOCOOH 样品的 SEM 和 TEM 照片

（a）～（c）BiOCOOH 空心球结构的 SEM 照片；（d）BiOCOOH 空心球结构的 TEM 照片；

（e）（f）BiOCOOH 花状结构的 SEM 和 TEM 照片

3.3.2 空心球 BiOCOOH 的形成机理

作者推测在甘油和水混合溶液得到 BiOCOOH 空心球的形成机理可归因于准微乳液模板机制。在该反应体系中，甘油、去离子水和二甲基甲酰胺（DMF）混合可形成均衡的准微乳液。在准微乳液中的球形胶束可作为软模板形成 BiOCOOH 空心球结构。在多元醇中（如甘油）羟基官能团可以通过与金属离子配位形成配合物。在本实验中，甘油作为配位剂，$Bi(NO_3)\cdot5H_2O$ 溶解于甘油、去离子水和二甲基甲酰胺（DMF）所组成的混合溶液后，$Bi(NO_3)\cdot5H_2O$ 并未水解产生沉淀。这是因为 Bi^{3+} 与甘油中的羟基形成了配合物。反应体系中没有加入 $HCOO^-$，但在适宜的条件下，二甲基甲酰胺（DMF）可水解生成甲酸。因此，二甲基甲酰胺（DMF）不仅作为溶剂同时也可提供 HCOOH。在反应过程中，$Bi(NO_3)\cdot5H_2O$ 水解首先产生片状 $[Bi_6O_5(OH)_3](NO_3)_5\cdot3H_2O$ 中间体，随着反应时间的延长，二甲基甲酰胺（DMF）水解生成 HCOOH，HCOOH 与中间体沉淀 $[Bi_6O_5(OH)_3](NO_3)_5\cdot3H_2O$ 反应从而形成 BiOCOOH，所涉及的化学反应如下

$$HCON(CH_3)_2 + H_2O \rightarrow HCOOH + NH(CH_3)_2 \qquad (3-1)$$

$$6Bi^{3+} + 5NO_3^- + 11H_2O \rightarrow [Bi_6O_5(OH)_3](NO_3)_5\cdot3H_2O + 13H^+ \qquad (3-2)$$

$$[Bi_6O_5(OH)_3](NO_3)_5\cdot3H_2O + 6HCOOH \rightarrow 6BiOCOOH + 5NO_3^- + 5H^+ \qquad (3-3)$$

片状的 BiOCOOH 在准微乳液的球形胶束的界面周围聚集，最终形成 BiOCOOH 空心球。空心球 BiOCOOH 形成机理如图 3.3 所示。

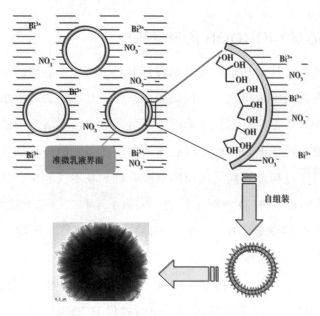

图 3.3　BiOCOOH 空心球的形成机理

3.3.3 BiOCOOH 样品的光催化测试

图 3.4 为花状和空心球结构 BiOCOOH 的紫外 – 可见吸收光谱。吸收峰在 330 nm 处开始衰减，这是因为 BiOCOOH 固有的带隙跃迁所致。对于半导体晶体，在能带附近的吸收满足以下关系

$$\alpha h v = A（h v - E g）^{n/2}$$

式中，α 为吸收系数；v 为光频率；A 为 常数；Eg 为能带。插图中通过（$\alpha h v$）^{2} 对 hv 作图可获得 BiOCOOH 花状结构和空心球结构的能带间隙分别为 3.46 eV 和 3.55 eV。

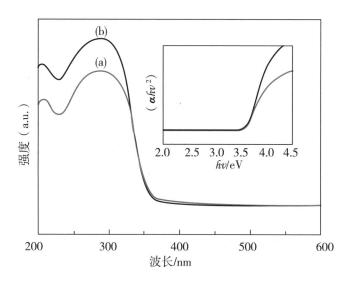

图 3.4　花状和空心球结构 BiOCOOH 的紫外 – 可见吸收光谱

（a）花状结构；（b）空心球结构［插图为样品的（$\alpha h\nu$）^{2}–$h\nu$ 曲线］

为了研究样品的光催化性能，作者通过光降解染料罗丹明 B 来研究所得 BiOCOOH 样品的光催化活性。图 3.5 给出了以 BiOCOOH 空心球为催化剂，不同照射时间下罗丹明 B 水溶液的紫外 – 可见光图谱。从图中可发现，罗丹明 B 溶液在 553 nm 处有一个吸收峰，随着照射时间的增加，罗丹明 B 溶液吸收峰强度逐渐下降，这说明空心球 BiOCOOH 对降解罗丹明 B 表现出良好的光催化活性。图 3.6 为空白实验和两种结构的 BiOCOOH 在不同照射时间下对罗丹明 B 水溶液的光降解程度曲线。对于未加 BiOCOOH 空白实验来说，120 min 照射后，罗丹明 B 仅降解了约 30%；对于花状 BiOCOOH，120 min 照射后，光降解效率约为 51%；而对于空心球 BiOCOOH，照射 120 min 后，光降解效率可高达 96%。结果表明，空心球结构 BiOCOOH 的光催化活性要优于花状结构 BiOCOOH。两种 BiOCOOH 样品光催化活性的差异主要与它们的形貌和比表面积相关。经测试，空心球 BiOCOOH 和花状 BiOCOOH 的 BET 比表面积分别为 18.45 m^2·g^{-1} 和 8.50 m^2·g^{-1}。

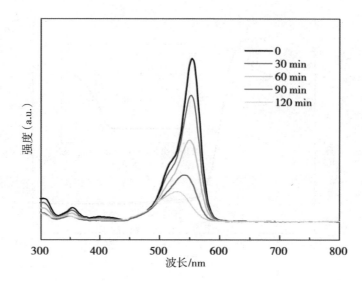

图 3.5　BiOCOOH 空心球为催化剂，不同照射时间下罗丹明 B 水溶液的紫外 –
可见吸收光谱

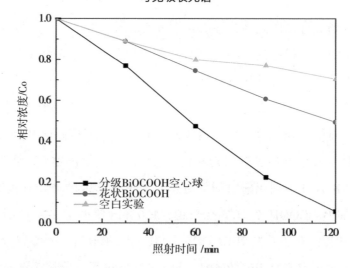

图 3.6　空白实验和两种结构的 BiOCOOH 在不同时间照射下对罗丹明 B 水溶液的
光降解程度与照射曲线

3.3.4 超结构 Bi$_2$S$_3$ 样品的合成与表征

以 BiOCOOH 为反应源，TAA 为硫源，将两者加入 20 mL 去离子水中，在 120℃水热条件下反应 12 h，将所得的产物进行表征。图 3.7 给出了所制备产物（Bi₂S₃ 样品）的 XRD 图谱。所有衍射峰与 Bi₂S₃（JCPDS 17-0320：*a*=11.14 Å，*b*=11.30 Å，*c*=3.981 Å）的标准图谱相吻合，说明制备的产物为正交晶系 Bi₂S₃，图谱中无杂质峰出现，表明 BiOCOOH 完全转化为了 Bi₂S₃。

图 3.8 给出了所得 Bi₂S₃ 的 SEM 和 TEM 照片，图 3.8（a）、图 3.8（b）的 SEM 图表明样品的形貌结构和 BiOCOOH 一样仍为空心球；从放大的 SEM 照片［图 3.8（c）、图 3.8（d）］中可以很明显地看出 Bi₂S₃ 空心球是由 Bi₂S₃ 纳米棒组装成的二维席子构成的，二维席子由许多直径为 30 nm 的纳米棒组成，相邻的纳米棒夹角约为 90°；由图 3.8（e）的 TEM 照片可清楚看到，样品图像的边缘与中央部分存在较大明暗衬度上的差异，进一步证实 Bi₂S₃ 样品为空心球结构；图 3.8（f）中放大的 TEM 照片表明二维席子的 Bi₂S₃ 是由直径约为 30 nm 纳米棒交错构成的。

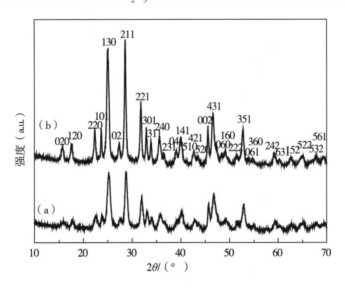

图 3.7　Bi₂S₃ 样品的 XRD 图谱
（a）空心球；（b）花状结构

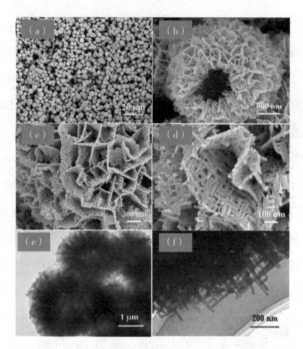

图 3.8　所得 Bi$_2$S$_3$ 空心球的 SEM 和 TEM 照片

（a）～（d）SEM 照片；（e）（f）TEM 照片

　　进一步对席子状的 Bi$_2$S$_3$ 结构进行 TEM 表征，超声 Bi$_2$S$_3$ 空心球使其中的二维席子结构 Bi$_2$S$_3$ 从球中脱落，图 3.9 给出了脱落的二维席子结构的 Bi$_2$S$_3$ 的 TEM 和 HRTEM 图，从图中可清楚观察到二维席子结构。图 3.9（b）为整个二维席子 Bi$_2$S$_3$ 的电子衍射照片，正方对称排列有序的斑点表明样品有良好的结晶度；图 3.9（d）是二维席子状中单个 Bi$_2$S$_3$ 纳米棒的高分辨电镜图，表明两个晶面间距约为 0.36 nm，与 Bi$_2$S$_3$［130］面相对应，尽管在照片中未发现［001］面的晶格条纹，但是纳米棒晶体可能是沿着与［130］面相垂直的［001］方向生长，这与之前文献中报道的一致。

　　与此同时，用 BiOCOOH 花状结构合成出的二维席子结构组装成的花状 Bi$_2$S$_3$ 的 SEM 和 TEM 照片如图 3.10 所示，根据这些电镜照片也可得到相同的上述实验结果。

图 3.9　脱落的二维席子结构的 Bi₂S₃ 的 TEM 和 HRTEM 图

（a）TEM 照片；（b）二维席子结构的电子衍射花样；（c）（d）HRTEM 照片

图 3.10　花状 BiOCOOH 制备二维席子组装成花状 Bi₂S₃ 的 SEM 照片和 TEM 照片

（a）～（c）SEM 照片；（d）TEM 照片（插图为二维席子结构 Bi₂S₃ 的电子衍射花样）

3.3.5 反应条件对 Bi₂S₃ 形貌的影响

考查反应时间对 Bi₂S₃ 空心球和花状结构 Bi₂S₃ 的影响。图 3.11 和图 3.12 为 120℃不同反应时间下 Bi₂S₃ 空心球结构的 XRD 图谱和 SEM 照片。由图可看出，当反应 1 h 后，BiOCOOH 已完全转化为 Bi₂S₃；随着反应时间的延长，Bi₂S₃ 形貌未发生明显的变化。

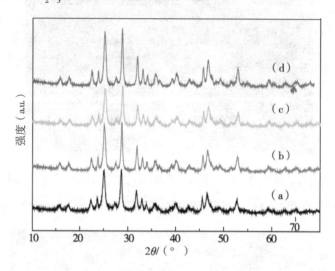

图 3.11　120 ℃不同反应时间下 Bi₂S₃ 空心球结构的 XRD 图谱
（a）1 h；（b）3 h；（c）6 h；（d）9 h

图 3.12　120 ℃不同反应时间下 Bi₂S₃ 空心球结构的 SEM 照片

图 3.12　120 ℃ 不同反应时间下 Bi$_2$S$_3$ 空心球结构的 SEM 照片（续）
（a）～（c）1 h；（d）～（f）3 h；（g）～（i）6 h；（j）～（l）9 h

　　图 3.13 和图 3.14 为 120 ℃ 不同反应时间下所得样品的 XRD 图谱和 SEM 照片。由图可知，当反应时间为 9 h，花状 BiOCOOH 才能完全转化为 Bi$_2$S$_3$。因此对于制备花状结构 Bi$_2$S$_3$ 则需要较长的反应时间。

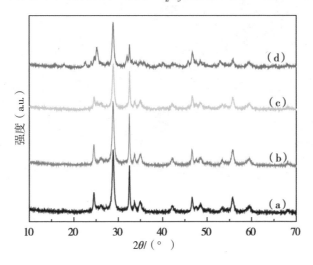

图 3.13　120 ℃ 不同反应时间下所得样品的 XRD 图谱
（a）1 h；（b）3 h；（c）6 h；（d）9 h

图 3.14　120 ℃ 不同反应时间下所得样品的 SEM 照片
（a）（b）1 h；（c）（d）3 h；（e）（f）6 h；（g）（h）9 h

　　分析上述实验结果，在较短的时间内得到 Bi_2S_3 空心球可能是因为空心球 BiOCOOH 比表面积大，活性位点多。晶格匹配是 BiOCOOH 能够转化为超结构 Bi_2S_3 的主要原因。众所周知，Bi_2S_3 倾向于沿 c 轴生长为一维纳米结构。在制备超结构 Bi_2S_3 的实验过程中，四方晶系 BiOCOOH 晶胞参数 a 和 b（$a=b=3.914\,5$ Å）与正交晶系 Bi_2S_3 的晶胞参数 c（$c=3.981$ Å）在数值上非常接近，当硫代乙酰胺（TAA）释放的 S^{2-} 到达

BiOCOOH 的表面时，取代 O^{2-} 和 HCOO$^-$ 的位置，在 BiOCOOH 表面沉淀出 [001] 方向 Bi$_2$S$_3$ 纳米棒。与此同时，由于晶胞参数的相互匹配，Bi$_2$S$_3$ 纳米棒将会沿着 BiOCOOH 中两个相互垂直的 [010] 或 [100] 方向生长。随着反应的进行，最终形成二维席子组装成的花状结构的 Bi$_2$S$_3$ 和由二维席子结构组装成的空心球 Bi$_2$S$_3$。

通常，水热反应温度是影响样品形貌的重要因素之一。为了研究温度对产物形貌的影响，我们在其他反应条件不变的情况下，分别在 80 ℃、160 ℃、200 ℃ 和 220 ℃ 下反应 12 h。当反应温度为 80 ℃，如图 3.15（a）至图 3.15（d）和图 3.16（a）所示，可得到纯相空心球 Bi$_2$S$_3$；相反，对于花状结构的 BiOCOOH 与 TAA 在 80 ℃ 下却未得到花状结构的 Bi$_2$S$_3$，且含有 BiOCOOH 和 Bi$_2$S$_3$ 混合物相 [图 3.15（e）、图 3.15（f）和图 3.16（b）]。

上述实验结果是合理的。空心球结构 BiOCOOH 的比表面积远大于花状结构的，相对于花状结构 BiOCOOH，空心球结构的 BiOCOOH 含有更多的活性反应位点，所以在 80 ℃ 反应 12 h 后，能得到二维席子组装成的 Bi$_2$S$_3$ 超结构空心球。而对于花状的 BiOCOOH，由于其比表面积小，S^{2-} 与 BiOCOOH 的反应速率过慢，所以在 80 ℃ 下反应 12 h 后，BiOCOOH 不能完全转化为 Bi$_2$S$_3$。如图 3.17 和图 3.18 所示，当反应温度为 160 ℃、200 ℃ 和 220 ℃ 时，由于在高温下，S^{2-} 与 BiOCOOH 的反应速率快，所以可很好地得到二维席子组装成的 Bi$_2$S$_3$ 空心球以及花状结构的 Bi$_2$S$_3$。

图 3.15　两种不同形貌 BiOCOOH 与 TAA 在 80 ℃ 下反应所得样品的 SEM 照片

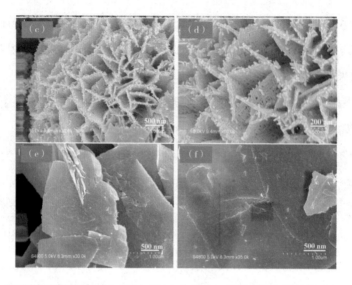

图 3.15　两种不同形貌 BiOCOOH 与 TAA 在 80 ℃下反应所得样品的 SEM 照片（续）

（a）～（d）空心 BiOCOOH；（e）（f）花状 BiOCOOH

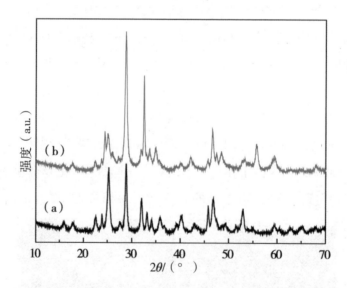

图 3.16　两种不同形貌 BiOCOOH 与 TAA 在 80 ℃下反应所得样品的 XRD 图谱

（a）空心 BiOCOOH；（b）花状 BiOCOOH

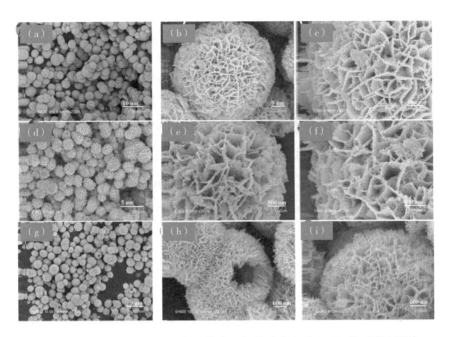

图 3.17　不同反应温度下所得二维席子组装成空心球 Bi$_2$S$_3$ 的 SEM 照片

（a）～（c）160 ℃；（d）～（f）200 ℃；（g）～（i）220 ℃

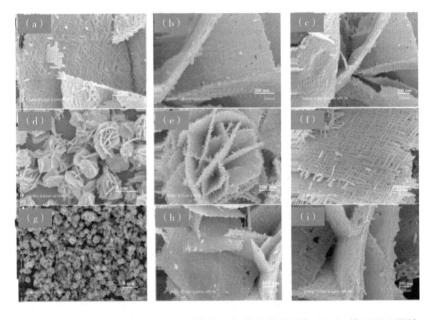

图 3.18　不同反应温度下所得二维席子组装成花状结构 Bi$_2$S$_3$ 的 SEM 照片

（a）～（c）160 ℃；（d）～（f）200 ℃；（g）～（i）220 ℃

3.4 本章小结

在本章中，我们利用准微乳液法首先制备了由纳米片组装成的空心球及花状结构 BiOCOOH，BiOCOOH 作为一种催化剂在光催化降解颜料罗丹明 B 时表现出较好的光催化活性。以 BiOCOOH 为反应源、硫代乙酰胺（TAA）为硫源，合成出了由二维席子状的 Bi_2S_3 组装成的空心球和花状结构的 Bi_2S_3。BiOCOOH 与 Bi_2S_3 之间的晶格匹配是形成 Bi_2S_3 超结构的原因。

第 4 章　多晶 α-NiS 空心球和单晶 β-NiS 空心球的合成与转化

4.1 引言

许多陶瓷和矿物质材料具有复杂的相图和不同的化学计量以及相结构，因此如何在液相合成中调控它们的晶相和形貌成为一个广泛关注的问题。众所周知，纳米晶的晶相与其制备条件紧密相关，在制备方法上控制纳米晶的晶相和形貌是调控材料性能达到实际应用的有效方法。硫化镍是一个简单的二元化合物，但是硫化镍包含有许多热力学稳定的结构和化学计量比，诸如 α-Ni$_{3+x}$S$_2$、β-Ni$_3$S$_2$、Ni$_7$S$_6$、Ni$_9$S$_8$、α-NiS、β-NiS、Ni$_3$S$_4$ 和 NiS$_2$，这使得研究硫化镍纳米晶的形貌和物相的多态性更具有吸引性。自从 Kullerud 和 Yund 在 1962 年第一次研究硫化镍，这种复杂的化合物已经被许多研究组用不同的方法进行了大量的研究。但是在以前的诸多报道中，制备的硫化镍均是几种不同的物相和形貌共存，因此制备纯相并且形貌均一的硫化镍具有很大的挑战意义。有着简单化学计量比的 NiS 有两种物相存在：六方晶系的 α-NiS 和三方晶系的 β-NiS。这两种 α-NiS 和 β-NiS 晶系之间的转化温度在 282 ～ 379 ℃。六方晶系和三方晶系的 NiS 有着独特的电化学和催化性能，并且可应用于红外探测、锂离子电池的阴极材料和加氢脱硫的催化等领域。所以制备具有可控形貌和晶相的 NiS 纳米晶还有待于进一步研究。

空心微纳结构由于其密度轻、完美的形貌，在传感器、催化、药物传递和锂离子电池等领域的应用而越来越受到关注。目前，许多有效的方法在制备空心结构材料方面已得到了发展，如软硬模板法、奥斯瓦尔德熟化、柯肯达尔效应和化学刻蚀等方法。在几乎所有的文献报道中空心球大多是多晶的，很少有文献报道制备的空心球为单晶。本章中，我们以硫脲和谷胱甘肽（还原型）作为硫源在水热条件下通过柯肯达尔效应得到了多晶的 α-NiS 空心球。多晶的 α-NiS 空心球在一定的反应条件下可以转化为单晶的 β-NiS 空心球。制备的 NiS 空心球对废水中的刚果红颜料有较好的吸附性能。

4.2 实验部分

4.2.1 材料的合成

制备多晶态的 α-NiS 空心球：在磁力搅拌下，将 0.16 g 乙酸镍和 0.05 g 硫脲溶于 10 mL 水中，然后再加入 0.05 g 谷胱甘肽（还原型）继续搅拌 10 min。将混合溶液转移到 35 mL 聚四氟乙烯内胆的不锈钢反应釜中，在 160 ℃ 下反应 12 h，然后冷却至室温，将所得产物离心分离，并用去离子水和乙醇各洗涤数次，在 60 ℃ 烘箱中烘干。

制备单晶态的 β-NiS 空心球：在磁力搅拌下，将 0.16 g 乙酸镍和 0.05 g 硫脲溶于 10 mL 水中，然后再加入 0.05 g 谷胱甘肽（还原型）继续搅拌 10 min。将混合溶液转移到 35 mL 聚四氟乙烯内胆的不锈钢反应釜中，在 160 ℃ 下反应 12 h，将温度升至 200 ℃ 继续反应 16 h，然后冷却至室温，将所得产物离心分离，并用去离子水和乙醇各洗涤数次，在 60 ℃ 烘箱中烘干。另外一种制备单晶 β-NiS 空心球的方法是将混合溶液直接在 200 ℃ 反应 12 h。

4.2.2 材料的表征

产物的物相分析采用 X 射线粉末衍射仪（Shimadzu XRD-6000，Cu Kα，$\lambda=1.541\,8$ Å）测得。扫描电子显微镜（SEM）照片用日本 Hitachi 公司 S-4800 型场发射扫描电镜获得，工作电压为 10 kV。透射电子显微镜（TEM）照片、高分辨透射电镜（HRTEM）照片及选区电子衍射（SAED）花样照片用日本 JEOL 公司的 JEM-2100 型透射电镜获得，加速电压为 200 kV。

4.2.3 吸附水溶液中的刚果红

75 mg 样品（α-NiS 或 β-NiS 空心球）加入 150 mL 质量浓度为 100 mg·L^{-1} 的刚果红溶液中。在室温下搅拌该混合液，每间隔一定时间，取出一定量的混合液离心分离后用 Hitachi U-3900 分光光度计测定其吸光度。

4.3　结果与讨论

4.3.1 α–NiS 样品的表征

图 4.1 给出了在 160 ℃ 水热条件下反应 12 h 后，所得产物的 XRD 图谱。产物的 XRD 图谱中所有的衍射峰均与标准卡片（JCPDS 02-1280）相吻合，说明得到的产物是六方晶系的 α-NiS。

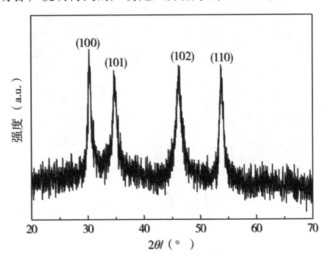

图 4.1　160℃温度下反映 12 h 后所得产物的 XRD 图谱

图 4.2 给出了 160℃反映 12 h 所得产物的 SEM 和 TEM 照片，从图 4.2（a）、图 4.2（b）应 SEM 图片中可得知所得到的 α-NiS 均为球状结构，几乎所有球的表面都有个小孔，这说明我们得到的 α-NiS 球其内部为空心结构，所得空心球的直径大约为 2.5 μm，球壳的厚度为 80 nm 左右。图 4.2（c）是 α-NiS 的 TEM 照片，从该 TEM 照片中很明显地可以看出 α-NiS

是空心球结构。图 4.2（d）是单个 α-NiS 空心球壳的放大 TEM 照片，从该 TEM 照片中看出 α-NiS 空心球是由许多纳米小颗粒组成的。图 4.2（e）中的插图是单个 α-NiS 空心球壳的电子衍射图，从图中可以看到 α-NiS 空心球为多晶，并且衍射环分别对应着 α-NiS 的［100］、［101］和［102］面。图 4.2（f）是 α-NiS 空心球的高分辨电镜图，该图显示了多个 α-NiS 晶粒的高分辨相，晶面间距均约为 0.26 nm，对应着 α-NiS 的［101］面。从电子衍射图像和高分辨电镜图可以证实 α-NiS 空心球是多晶的。

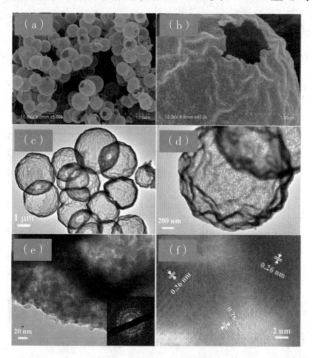

图 4.2 160 ℃ 反应 12 h 所得产物的 SEM 和 TEM 照片

（a）（b）SEM 照片；（c）～（e）TEM 照片；（f）高分辨率照片

4.3.2 α-NiS 空心球的形成机理

为了研究 α-NiS 空心球的形成过程，我们将在不同水热反应时间下收集的样品进行 SEM、TEM 和 XRD 的表征。图 4.3（a）和图 4.3（b）给出了反应时间为 0.5 h 时，所得产物的 SEM 和 TEM 图片，可以看出反应 0.5 h 时得到的是实心球；图 4.4（a）是反应 0.5 h 所得产物的 XRD

图，可知该产物的物相是无定型态。增加反应时间到 2 h 时，将得到的产物进行 XRD 表征，此时 XRD 图谱［图 4.4（b）］中出现了 α-NiS 衍射峰，图 4.3（c）和图 4.3（d）给出了反应 2 h 时产物的 SEM 和 TEM 图片，很明显地看出 α-NiS 为核壳结构；继续增加反应时间到 4 h 或 8 h 时，核壳结构的 α-NiS 其内部的核随反应时间的延长变得越来越小［图 4.3（e）至图 4.3（h）］，相应 α-NiS 的衍射峰随反应时间的延长变得越来越强。根据上述所得产物形貌随反应时间变化的现象，α-NiS 空心球的形成机理可以用柯肯达尔效应去解释。在整个反应过程的初期，首先形成无定型的实心球，由于在高温水热条件下无定型的实心球不太稳定，因此会慢慢地转化为 α-NiS。这种转化过程首先会在无定型实心球的表面发生，进而生成核壳结构的 α-NiS，其中的核为无定型态；随着反应时间的推移，越来越多的无定型的核移动到球的表面转化成 α-NiS；最后当反应时间达到 12 h 时，无定型的核完全消失，形成 α-NiS 空心球。

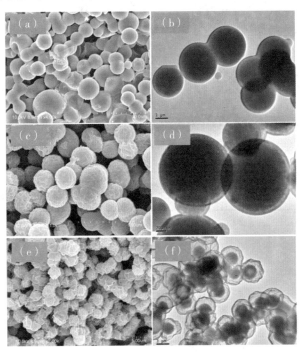

图 4.3　160℃不同反应时间下所得产物的 SEM 和 TEM 照片

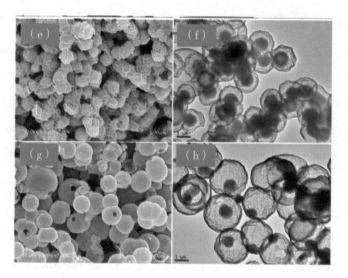

图4.3　160℃不同反应时间下所得产物的 SEM 和 TEM 照片（续）

（a）（b）0.5 h；（c）（d）2 h；（e）（f）4 h；（g）（h）8 h

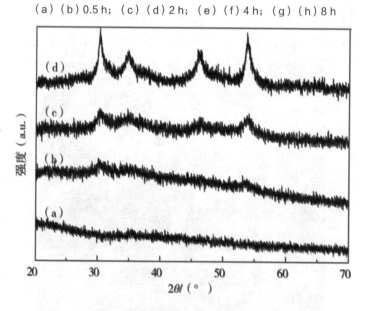

图4.4　160 ℃不同反应时间下所得产物的 XRD 图

（a）0.5 h；（b）2 h；（c）4 h；（d）8 h

4.3.3 β–NiS 空心球的形成和机理

NiS 有多种物相并且它们具有不同热力学稳定的晶体结构和化学计量比，在一定的条件下 NiS 之间可以相互转化。尽管六方晶系的 α-NiS 是在高温下稳定存在的物相，而三方晶系的 β-NiS 是在低温下稳定存在的物相。但是我们发现，在水热反应条件下如果提高水热反应温度可以使 α-NiS 转化为 β-NiS。将乙酸镍、硫脲和谷胱甘肽（还原型）的混合液在 160 ℃下反应 12 h 后，再将反应温度升到 200 ℃反应一段时间。图 4.5 给出了将反应温度从 160 ℃升到 200 ℃后分别反应 12 h 和 16 h 时所得产物的 XRD 图谱，从中我们可以得知升高反应温度可以使 α-NiS 转化为 β-NiS，当反应时间足够长时 α-NiS 可以完全转化为 β-NiS。

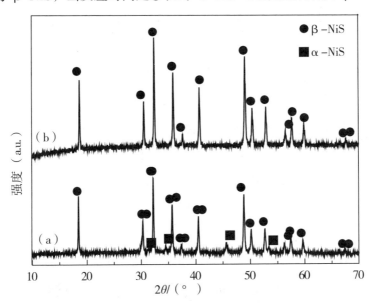

图 4.5　160 ℃反应 12 h 后继续在 200 ℃反应 12 h 和 16 h 的 XRD 图谱
（a）12h；（b）16 h

图 4.6 给出了 160 ℃反应 12 h 后，在 200 ℃继续反应 12 h 所得 α-NiS 和 β-NiS 混合相的 SEM 和 TEM 照片，从 SEM 和 TEM 照片可知所得混合相的产物仍为空心球结构。

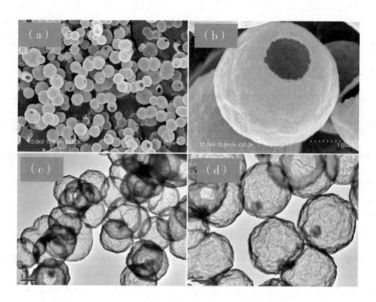

图 4.6　160 ℃ 反应 12 h 后继续在 200 ℃反应 12 h 所得产物的 SEM 和 TEM 照片

（a）（b）SEM 照片；（c）（d）TEM 照片

图 4.7 给出了 160 ℃反应 12 h 后，在 200 ℃继续反应 16 h 所得产物 β-NiS 的 SEM 和 TEM 图片。从图 4.7 可知从空心球 α-NiS 完全转化为 β-NiS 时，所得产物 β-NiS 依然保持空心结构，但是从电子衍射花样［（图 4.7（f）］和高分辨图像［（图 4.7（g）］可知，与多晶的 α-NiS 不同，当 α-NiS 完全转化为 β-NiS 时，此时 β-NiS 却成了单晶。拓扑转变的过程可以使物质的形貌不发生变化只改变晶体的结构，从 α-NiS 到 β-NiS 发生的拓扑转变局限在空心球壳的内部，所以从空心球 α-NiS 完全转化为 β-NiS 时，β-NiS 依然保持中空结构。

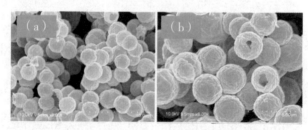

图 4.7　160 ℃反应 12 h 后继续在 200 ℃反应 16 h 所得产物的 SEM 照片和 TEM 照片

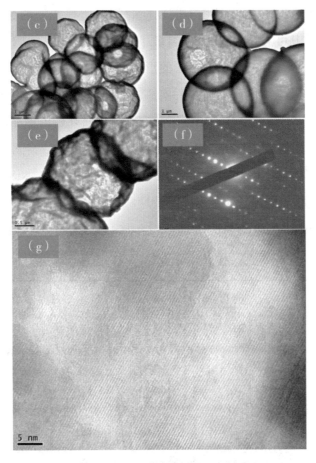

图 4.7　160 ℃反应 12 h 后继续在 200 ℃反应 16 h 所得产物的 SEM 照片和 TEM 照片（续）

（a）（b）产物的 SEM 照片；（c）～（e）产物的 TEM 照片；(f) 电子衍射花样；（g）高分辨图像

　　将乙酸镍、硫脲和谷胱甘肽（还原型）的混合液在 200 ℃的水热反应条件下，从多晶的 α-NiS 到单晶 β-NiS 的转化过程很容易发生。图 4.8 给出了在 200 ℃的水热条件下反应不同时间所得样品的 XRD 图谱，当反应时间为 0.5 h 时，所得产物的物相是无定型态的 [图 4.8（a）]，当反应时间为 1 h 时，产物的物相是 α-NiS [图 4.8（b）]；继续增加反应时间，产物开始由 α-NiS 部分转化为 β-NiS [图 4.8（c）至图 4.8（e）]，当反应时间为 12 h 时，α-NiS 完全转化为纯相的 β-NiS（图 4.9）。

　　图4.10给出了在200 ℃不同反应时间下所得产物的SEM和TEM
图片，从图中可看出在200 ℃温度下形成 β-NiS空心球的过程与在
160℃温度下形成 α-NiS空心球的形成过程基本类似。当反应时间为
0.5 h时，所得产物是无定型态的实心球［图4.10（a）、图4.10（b）］，
随着反应时间的继续，在无定型态的实心球表面开始出现晶态的 α-NiS
并形成核壳结构，其中的核为无定型态［图4.10（c）、图4.10（d）］。
新形成的晶态 α-NiS在200 ℃温度下很容易转化为 β-NiS，所以继续
延长反应时间，会出现 α-NiS和 β-NiS两相共存的核壳结构［图4.10
（e）、图4.10（j）］，当反应时间为12 h时，无定型态的核完全消失，最
终形成 β-NiS空心球。

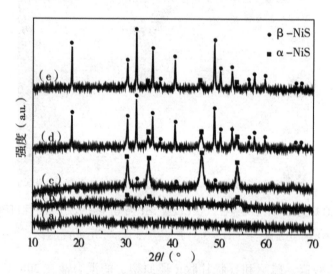

图4.8　200 ℃不同反应时间下所得产物的 XRD 图谱

（a）0.5 h；（b）1 h；（c）2 h；（d）4 h；（e）8 h

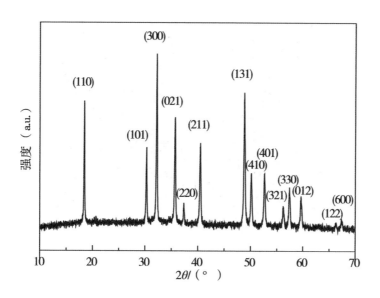

图 4.9 　 200℃ 反应 12 h 所得产物的 XRD 图谱

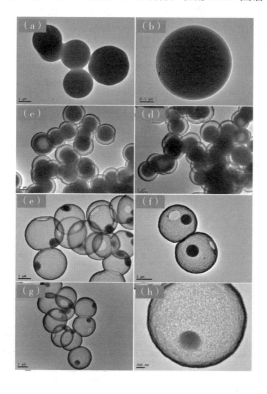

图 4.10 　 200 ℃不同反应时间下所得产物的 SEM 和 TEM 图

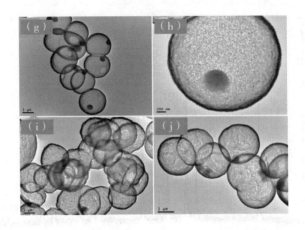

图 4.10　200 ℃不同反应时间下所得产物的 SEM 和 TEM 图（续）

（a）（b）0.5 h；（c）（d）1 h；（e）（f）2 h；（g）（h）4 h；（i）（j）8 h

图 4.11（a）和图 4.11（b）给出了 200 ℃反应 12 h 时所得产物的 SEM 图片，β-NiS 空心球的直径约为 2.5 μm，球壳的厚度约为 60 nm。图 4.11（c）和图 4.11（d）是 200 ℃反应 12 h 时所得产物的 TEM 图片，从该图中也很明显地看出 β-NiS 为空心球结构。从图 4.11（d）的插图中的选区电子衍射花样可知该 β-NiS 空心球为单晶，与在 160 ℃下反应 12 h 后继续在 200 ℃反应 16 h 所得 β-NiS 空心球的实验结果一致（图 4.5）。

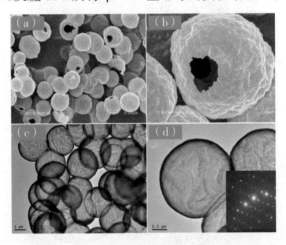

图 4.11　200 ℃反应 12 h 所得产物的 SEM 和 TEM 照片

（a）（b）SEM 照片；（c）（d）TEM 照片

4.3.4 反应条件对产物的影响

在反应体系中添加谷胱甘肽（还原型）对于制备 α-NiS 和 β-NiS 空心球起到至关重要的作用。谷胱甘肽在反应体系中不仅起到提供硫源的作用，还控制产物的形貌和物相的组成。如果只加入硫脲不加入谷胱甘肽，在 200 ℃下反应 12 h 则得到的是形貌不规则的 β-NiS 和 Ni_7S_6 的混合相，这说明在反应体系中硫源不足得不到纯相的 β-NiS。如果在不添加谷胱甘肽的情况下增加硫脲的用量，200 ℃反应 12 h 则得到的是不规则形貌而非空心球结构的纯相 β-NiS［图 4.12（a）］。同样如果在不添加谷胱甘肽的情况下 160 ℃反应 12 h，则最后得到的是不规则形貌的纯相 α-NiS［图 4.12（b）］。上述实验结果表明，谷胱甘肽在反应体系中对 α-NiS 和 β-NiS 空心球的形成起到至关重要的作用。

（a）　　　　　　　　　　　　　　（b）

图 4.12　只加入 0.1 g 硫脲不加入谷胱甘肽分别在 200 ℃和 160 ℃的水热反应条件下所得产物的 SEM 图片

（a）200 ℃；（b）160 ℃

4.3.5 硫化镍的水处理研究

在本章中，我们研究了 α-NiS 和 β-NiS 空心球在水净化方面的应用。刚果红是一种在纺织工业中常用的颜料，我们选择它作为水中的有机污染物。图 4.13（a）和图 4.13（b）给出了分别以 75 mg 的 α-NiS 和 β-NiS 空心球作为水净化材料，在不同净化时间下刚果红水溶液的紫外－可见吸收光图谱，从图中可得知 α-NiS 和 β-NiS 空心球对刚果红颜料有很好的吸附性能。图 4.13（c）给出了不同 NiS 样品吸附刚果红颜料的效率随时间变化的曲线，从图中可知 NiS 空心球比不规则的 NiS 有较好的吸附性。NiS 空心球和不规则形貌的 NiS 所表现出的吸附刚果红颜料性能之间的区别，主要是它们的形貌和比表面积的不同所造成的。通过 N_2 吸附 – 脱附实验测得 α-NiS 和 β-NiS 空心球、α-NiS 和 β-NiS 不规则形貌的比表面积分别为 15.61 $m^2 \cdot g^{-1}$、14.81 $m^2 \cdot g^{-1}$、13.77 $m^2 \cdot g^{-1}$ 和 11.97 $m^2 \cdot g^{-1}$。上述实验结果显示，α-NiS 和 β-NiS 空心球可以有效地去除废水中的刚果红颜料，这说明该材料在污水处理方面有潜在的应用价值。

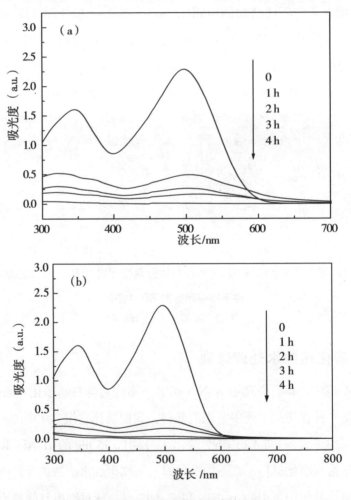

图 4.13　NiS 吸附刚果红性能测试

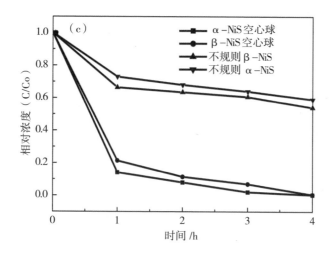

图 4.13　NiS 吸附刚果红性能测试

（a）质量浓度为 100 mg·L⁻¹ 刚果红溶液在加入 β–NiS 空心球后的吸收光谱；

（b）质量浓度为 100 mg·L⁻¹ 刚果红溶液在加入 α–NiS 空心球后的吸收光谱；

（c）不同 NiS 样品在不同时间下吸附刚果红性能的曲线图

4.4　本章小结

我们以硫脲和谷胱甘肽（还原型）作为硫源在水热条件下通过柯肯达尔效应得到了多晶结构的 α-NiS 空心球，继续升高反应温度多晶结构的 α-NiS 空心球转化为 β-NiS 单晶空心球。制备的 NiS 空心球对废水中的刚果红颜料有较好的吸附性能，因此 NiS 材料在水处理方面有着潜在的应用价值。

第 5 章　奥斯瓦尔德熟化法制备 ZnS 空心球及其抑菌性研究

5.1　引言

具有特殊的形貌和结构的纳米材料，被赋予其新颖的化学物理性质，在许多研究领域有着潜在的应用价值，受到科研工作者越来越多的关注。ZnS 是一种宽带隙半导体化合物，它有两种晶体结构（闪锌矿和纤锌矿），有着优异的光电性能，在光催化、光感应器、光传导器等光学方面有着良好的应用前景，成为材料科学研究的热点。目前，不同形貌的 ZnS 材料，诸如纳米线、纳米带、枝状结构等通过不同制备的方法而得到，然而关于制备三维 ZnS 纳米结构鲜有报道，尽管人们已经发展了多种制备三维 ZnS 纳米结构的方法，但是寻找有效、简单制备三维 ZnS 结构的合成技术仍然具有挑战意义。

当前，微生物污染在日常生活中是一个非常严重的问题。ZnO 和 Cu_2O 材料因其出色的抗菌性而引起广泛的关注，但 ZnS 作为一种功能纳米材料，关于其抗菌性几乎很少有过报道。在本章中，我们以甘油和水作为混合溶剂，改变反应条件，制备了大小均匀、分散性好的 ZnS 实心球、ZnS 空心球和 ZnS 纳米粒子三种材料，其中对 ZnS 空心球的形成过程进行了研究并提出了其可能的形成机理。本章还研究了 ZnS 实心球、ZnS 空心球和 ZnS 纳米粒子三种不同结构的 ZnS 材料对枯草芽孢杆菌的抑菌性。

5.2　实验部分

5.2.1　材料的合成

在磁力搅拌下，将 0.5 mmol Zn（Ac）$_2$·6H$_2$O 溶解在 8 mL 甘油

和 9 mL 水的混合溶剂中，而后分别加入 3 mL 氨水（26% ～ 28%）和 3 mmol L– 半胱氨酸。搅拌 10 min 后，将反应混合物转移到 35 mL 聚四氟乙烯内胆的不锈钢反应釜中，在 140 ℃ 下反应 6 h，然后自然冷却至室温，打开反应釜，将沉淀物离心分离，依次用离子水、无水乙醇洗涤数次，在 60 ℃ 干燥 12 h。

5.2.2 材料的表征

产物的物相分析采用 X 射线粉末衍射仪（Shimadzu XRD-6000, Cu Kα，λ=1.541 8 Å）测得。扫描电子显微镜（SEM）照片用日本 Hitachi 公司 S-4800 型场发射扫描电镜获得。透射电镜（TEM）照片及选区电子衍射（SAED）花样照片用日本 JEOL 公司的 JEM-2100 型透射电镜获得。

5.2.3 材料的抑菌性测试

将 ZnS 纳米材料采用 2 倍稀释法分别用无菌水配制成质量浓度为 0.5 g·mL^{-1}、0.25 g·mL^{-1}、0.125 g·mL^{-1}、0.0625 g·mL^{-1}、0.031 g·mL^{-1} 的 5 个梯度的抗菌溶液，低温保存备用。将灭菌后的 20 mL 牛肉膏蛋白胨培养基倒入 90 mm 的培养皿中，移取 0.1 mL 的枯草芽孢杆菌悬浮液注于平板中，均匀涂布，6 min 后用灭过菌的内径为 6 mm 的打孔器在培养基上打孔，用牙签挑去琼脂块，再用移液枪吸取 0.1 mL 配制好的不同质量浓度的纳米材料溶液注入孔中，置于 37 ℃ 恒温培养箱中培养 24 h，按互成 60° 的 3 个直径方向测量透明抑菌圈，取平均值计算在纳米材料作用下的抑菌圈大小，实验重复 3 次。

5.3　结果与讨论

5.3.1 ZnS 实心球的结构表征

图 5.1 给出了 140℃反应 6 h 所得产物的 XRD 图谱。图中所有的衍

射峰与标准卡片（JCPDS card No. 80-0007）相吻合，无其他杂峰出现，说明所得到的样品为纯相的六方晶系 ZnS，衍射峰尖锐，说明得到的样品晶化程度较好。

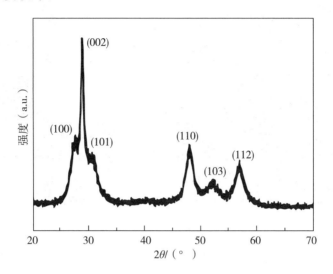

图 5.1　140℃反应 6 h 所得产物的 XRD 图谱

图 5.2 为 140 ℃ 反应 6 h 所得 ZnS 样品的 SEM 和 TEM 照片。从 SEM 照片可看出所合成的 ZnS 为分散均匀、大小在 400 nm 左右的实心球，从高倍的 SEM 照片［图 5.2（b）和图 5.2（c）］中可得知 ZnS 实心球是由纳米粒子组装而成的。图 5.2（e）和图 5.2（f）为所得样品的 TEM 照片，可进一步证实得到的 ZnS 实心球是由纳米粒子组成，选区的电子衍射花样［图 5.2（f）中的嵌入图］表明 ZnS 实心球为多晶。

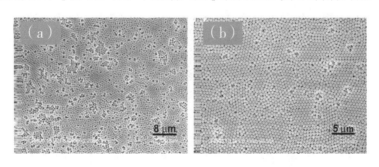

图 5.2　140℃反应 6 h 所得 ZnS 样品的 SEM 和 TEM 照片

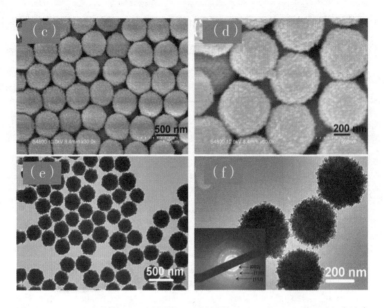

图 5.2　140℃反应 6 h 所得 ZnS 样品的 SEM 和 TEM 照片（续）

（a）～（d）SEM 照片；（e）（f）TEM 照片 [（f）中插图为电子衍射花样]

5.3.2 ZnS 空心球的合成及机理分析

　　通过改变反应条件，可以得到不同形貌的 ZnS。图 5.3 给出了反应温度增加到 160 ℃和 180 ℃得到样品的 SEM 照片。从图中可以看出，升高反应温度得到的产物为中空结构。在该反应体系中，氨水和甘油对 ZnS 空心球的形成起到至关重要的作用。如果反应体系中不加入甘油，只能得到 ZnS 纳米粒子（图 5.4）；如果反应体系中不加入氨水，我们只得到不规则实心球的 ZnS（图 5.5）。

图 5.3　在不同反应温度下所得 ZnS 空心球的 SEM 照片

图 5.3　在不同反应温度下所得 ZnS 空心球的 SEM 照片（续）

（a）（b）160 ℃；（c）（d）180 ℃

图 5.4　不加甘油得到 ZnS 样品的 SEM 照片

图 5.5　不加氨水得到 ZnS 样品的 SEM 照片

为了研究空心球形成的机理，我们做了一系列随反应时间变化的实验。图 5.6 给出了在 180 ℃ 不同反应时间下所得产物的 SEM 照片。当反应时间为 1 h 时，得到的是实心球，且球的表面是由纳米小粒子组成的；当反应时间为 3 h 时，我们得到了由较大纳米粒子组装成的空心结构 ZnS。在该反应体系中加入氨水后，氨水可以和金属锌粒子配位形成 $[Zn(NH_3)_4]^{2+}$，水热条件下 $[Zn(NH_3)_4]^{2+}$ 与 S^{2-} 反应形成 ZnS。由于氨水的存在，形成的 ZnS 沉淀在反应体系中存在溶解和再沉淀的动态平衡可逆过程，如下面方程式所示

$$ZnS + 4HN_3 \underset{\text{再沉淀}}{\overset{\text{溶解}}{\rightleftharpoons}} [Zn(NH_3)_4]^{2+} + S^{2-}$$

在溶解 – 再沉淀的过程中，ZnS 纳米粒子在球的表面慢慢长大，较小的 ZnS 纳米粒子在反应过程中慢慢消失，这是典型的奥斯瓦尔德熟化过程，随着球内部 ZnS 纳米粒子向表面移动，最终导致了 ZnS 空心球的形成，这与第 2 章中 CdS 空心球的形成机理一致。

图 5.6　180℃不同反应时间下所得产物的 SEM 照片
(a)(b)1h；(c)(d)3h

5.3.3 ZnS 抑菌性能测试

纳米抗菌材料是一类新型的功能材料，与传统抗菌剂相比，纳米抗菌材料具有安全性、持久性、广谱性等优点。ZnO 和 Cu_2O 材料因其出色的抗菌性而引起广泛的关注，但 ZnS 作为一种功能纳米材料关于其

抗菌性几乎很少有过报道。在本章中，我们研究了 ZnS 实心球、ZnS 空心球和 ZnS 纳米粒子三种不同形貌结构的材料对枯草芽孢杆菌的抗菌活性。在实验过程中，我们将三种不同形貌结构的 ZnS 纳米材料用无菌水配制成质量浓度为 500 mg·mL^{-1}、250 mg·mL^{-1}、125 mg·mL^{-1}、62.5 mg·mL^{-1} 和 31 mg·mL^{-1} 的 5 个梯度的抗菌溶液，将各种质量浓度的抗菌溶液注入枯草芽孢杆菌的介质中，置于 37 ℃ 恒温培养箱中培养 24 h，按互成 60° 的 3 个直径方向测量透明抑菌圈，抑菌圈越大说明材料的抑菌性越好。实验结果列在表 5.1 中，从表中我们可以看出 ZnS 实心球对枯草芽孢杆菌的抑菌性最好，其次是 ZnS 纳米粒子。实验结果表明，ZnS 的抑菌活性能与其形貌结构有关。

表5.1　ZnS样品的抑菌活性

样品	材料质量浓度／（mg·mL^{-1}）				
	500	250	125	62.5	31
ZnS 实心球	13.00 ± 1.00	12.67 ± 0.58	11.33 ± 1.15	12.33 ± 0.58	9.00 ± 0.01
ZnS 空心球	8.33 ± 0.58	7.33 ± 0.58	8.00 ± 1.73	—	—
ZnS 纳米粒子	12.33 ± 0.58	11.00 ± 1.00	11.67 ± 0.58	8.67 ± 0.58	—

5.4　本章小结

本章中，我们以甘油和水作为混合溶剂，改变反应条件，制备了大小均匀、分散性好的 ZnS 实心球、ZnS 空心球和 ZnS 纳米粒子三种结构形貌的材料，奥斯瓦尔德熟化和氨水的共同作用得到了 ZnS 空心球。研究了 ZnS 实心球、ZnS 空心球和 ZnS 纳米粒子三种不同形貌结构的材料对枯草芽孢杆菌的抑菌性，发现结构对材料的性能有着很大的影响。

第 6 章　CeO$_2$ 和 CeO$_2$/MnO$_x$ 复合物核壳结构的制备

6.1　引言

　　具有可控尺度大小、形貌、组分和内部结构的空心球结构由于其在催化、气敏、药物的传输以及能源转化和存储等诸多领域有着广泛的应用从而引起人们的关注。近期，多种合成方法致力于制备多层的空心结构和核壳结构，因为这种结构材料较大地提高了其性能。目前，大多数复杂的空心结构是通过模板法得到的，通常情况下模板法比较复杂烦琐。例如，Wang 等用碳球作为模板，制备了几种具有复杂多层空心结构的金属氧化物，具有多层空心结构的金属氧化物的气敏性能比简单结构的空心球有明显提高；Lou 等以球状 SiO_2 和碳球作为模板制备了双层结构的 SnO_2 和 V_2O_5。尽管上述硬模板法能成功制备复杂的多层空心球结构，但硬模板法通常需要多步制备步骤和后处理过程，因此该方法不适合应用于大规模合成。所以探索简易、有效的方法制备复杂多层空心球结构具有很大现实意义。

　　二氧化铈（CeO_2），作为一种典型的功能稀土金属氧化物由于在催化、燃料电池、发光材料、水处理等领域的应用而受到广泛研究。多种形貌结构的 CeO_2，如纳米线、纳米棒、纳米片、纳米立方块和多面体已成功制备出来，但是制备核壳结构的 CeO_2 鲜有报道。本章中我们通过微波溶剂热法，在酒石酸的辅助下制备了空心结构的含铈前驱体，随后将空心结构的前驱体经过高温处理得到了核壳结构的 CeO_2。另外，我们还应用此方法合成了核壳结构的 CeO_2/MnO_x 复合材料。

6.2　实验部分

6.2.1 材料的合成

在磁力搅拌下，将 0.5 mmol 六水硝酸铈［Ce（NO$_3$）$_3$·6H$_2$O］和 4 mmol DL- 酒石酸（C$_4$H$_6$O$_6$）加入 20 mL 乙二醇（C$_2$H$_6$O$_2$）中，使物料溶解混合均匀，将反应溶剂转移到 35 mL 的微波管中，放到微波反应器（2.45 GHz, Discover S-Class, CEM）中进行反应。180 ℃ 微波反应 10 min 后，用空气压缩机将其冷却至室温。将产物离心分离，用去离子水和无水乙醇洗涤数次，在 50 ℃ 烘箱中干燥 12 h。将该前驱体化合物在空气下 500 ℃ 烧结 3 h，升温速率 2 ℃·min^{-1}，得到 CeO$_2$ 的核壳结构。

6.2.2 材料的表征

产物的物相分析采用 X 射线粉末衍射仪（Shimadzu XRD-6000, Cu Kα，λ=1.541 8 Å）测得。扫描电子显微镜（SEM）照片用日本 Hitachi 公司 S-4800 型场发射扫描电镜获得，工作电压为 10 kV。透射电子显微镜（TEM）照片用日本 JEOL 公司的 JEM-2100 型透射电镜获得，加速电压为 200 kV。热重分析图在 NETZSCH STA 449 F3 Jupiter 同步热分析仪上获得，空心氛围下，以 10 ℃·min^{-1} 的升温速率从室温升到 800 ℃。

6.3　结果与讨论

6.3.1 前驱体的物相表征与分析

图 6.1 给出了 180 ℃ 微波反应 10 min 所得产物的 XRD 图谱。从图中的衍射峰可以看出所得产物为非晶态的。

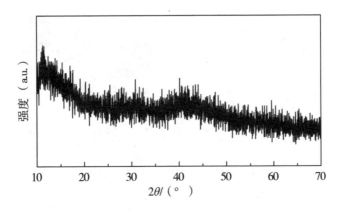

图 6.1　180 ℃ 微波反应 10 min 所得产物的 XRD 图谱

图 6.2 给出了 180 ℃ 微波反应 10 min 所得产物的 SEM 和 TEM 照片。从照片中可看出这些球的大小在 500 nm 左右，通过 TEM 照片，我们可以很清楚地看到所得产物为空心结构。

（a）　　　　　　　　　　　（b）

图 6.2　180 ℃ 微波反应 10 min 所得产物的 SEM 和 TEM 照片

（a）SEM 照片；（b）TEM 照片

6.3.2 反应条件对前驱体形貌的影响

为了研究空心球形成的机理，作者做了一系列随反应时间变化的实验。图 6.3 给出了在 180 ℃ 不同反应时间下所得产物的 SEM 和 TEM 照片。当反应时间为 2 min 时，球的大小为 500 nm 左右，其内部已经为空心结构；随着反应时间的延长，产物内部依然保持空心结构，在整个随时间变化的过程中球的大小没有太大的变化。

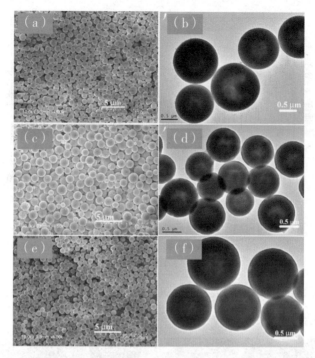

图 6.3　180 ℃ 不同反应时间下所得产物的 SEM 和 TEM 照片

（a）（b）2 min；（c）（d）5 min；（e）（f）8 min

图 6.4 给出了在不同酒石酸用量下，180 ℃ 微波反应 10 min 所得产物的 SEM 照片。当反应体系中不加酒石酸时，180 ℃ 微波反应 10 min 则得不到任何产物。当酒石酸的量为 0.5 mmol 时，产物主要是一些纳米颗粒和少部分球［图 6.4（a）、图 6.4（b）］；增加酒石酸的量到 2 mmol 时，产物中纳米颗粒的数量减少、球的数量逐渐增多［图 6.4（c）、图 6.4（d）］；继续增加酒石酸的量为 4 mmol 时，所得产物全部是均匀的球（图 6.2）。

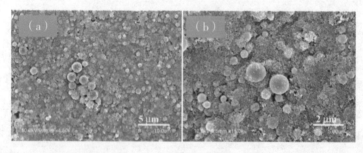

图 6.4　不同酒石酸用量下 180 ℃ 微波反应 10 min 所得产物的 SEM 照片

图 6.4　不同酒石酸用量下 180 ℃ 微波反应 10 min 所得产物的 SEM 照片（续）

（a）（b）0.5 mmol；（c）（d）2 mmol

6.3.3 CeO₂ 核壳结构的制备与表征

图 6.5 给出了 180 ℃ 微波反应 10 min 所得产物的热重曲线图，从图中可以看出在室温到 800 ℃ 之间有两个失重平台。第一次失重归结于产物表面所吸附的水，第二次失重归结于在高温下产物不稳定发生了热分解。

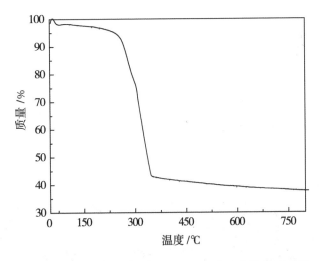

图 6.5　180 ℃ 微波反应 10 min 所得产物的热重曲线

根据热重曲线的实验结果，我们将 180 ℃ 微波反应 10 min 所得产物以 2 ℃ · min⁻¹ 的升温速率，在空气下 500 ℃ 烧结 3 h。如图 6.6 所示，给出了烧结后产物的 XRD 图谱，图谱中所有的衍射峰均与标准图片卡片（JCPDS card No. 34-0394）吻合，说明所得产物为立方萤石结构的 CeO₂。

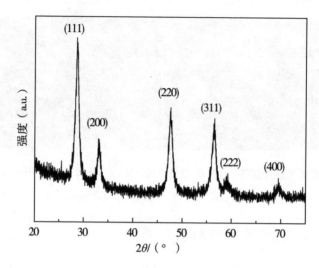

图 6.6　将 180 ℃ 微波反应 10 min 所得的产物在空气下 500 ℃ 烧结 3h 后的
XRD 图谱，升温速率为 2 ℃/min

图 6.7 给出了烧结后所得 CeO_2 的 SEM 和 TEM 图。从 SEM 图中以看出，500 ℃ 烧结 3 h 后所得 CeO_2 为空心球结构，相比其前驱体，CeO_2 球的表面变得粗糙，这主要是由于在 500 ℃ 高温下前驱体热分解产生的气体造成的。我们将中空结构的 CeO_2 用透射电镜做了进一步的表征，从 TEM 图中［图 6.7（d）］可以看出，CeO_2 为中空的核壳结构并且球状的核为也空心结构。核壳结构 CeO_2 的比表面积通过 N_2 吸着在绝对温度 77 K（1K=-272.15℃）条件下进行了测定，其比表面积为 14.61 $m^2 \cdot g^{-1}$（图 6.8）。

图 6.7　以升温速率 2 ℃·min^{-1}，将 180 ℃ 微波反应 10 min 所得产物在空气下
500 ℃ 烧结 3 h 后所得 CeO_2 的 SEM 和 TEM 照片

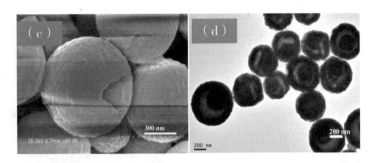

图 6.7　以升温速率 2 ℃·min^{-1}，将 180 ℃微波反应 10 min 所得产物在空气下
500 ℃烧结 3 h 后所得 CeO$_2$ 的 SEM 和 TEM 照片（续）

（a）～（c）SEM 照片；（d）TEM 照片

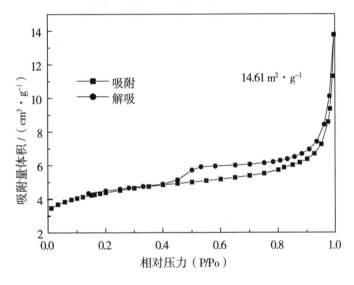

图 6.8　CeO$_2$ 空心核壳结构的 N$_2$ 吸附－解吸等温曲线

6.3.4 CeO$_2$ 核壳结构的形成机理分析

在本节中，我们将空心结构的前驱体在 500 ℃下烧结后得到了新颖
的 CeO$_2$ 核壳结构，为了阐述空心结构的前驱体是如何在高温下转化为核
壳结构的 CeO$_2$，我们将前驱体在 N$_2$ 氛围下，以 2 ℃·min^{-1} 的升温速率，
在 500 ℃烧结 3 h 后所得产物进行了表征（图 6.9）。

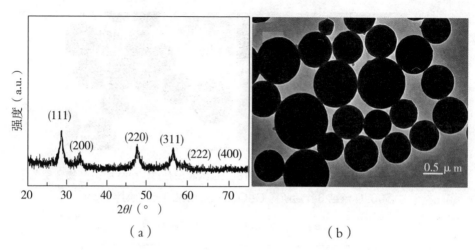

（a）　　　　　　　　　　　（b）

图 6.9　以升温速率 2 ℃ · min⁻¹，将 180 ℃ 反应 10 min 所得产物在 N₂ 气下
500 ℃ 烧结 3h 后所得产物的 XRD 和 TEM 图

（a）XRD 图；（b）TEM 图

图 6.9 给出了将 180 ℃ 微波反应 10 min 所得产物在 N₂ 气下 500 ℃ 烧结 3 h 后产物的 XRD 和 TEM 图。从图 6.9（a）中可看出，产物的所有衍射峰仍然与立方萤石结构的 CeO₂（JCPDS card No. 34-0394）吻合，只不过衍射峰的强度与在空气下烧结后所得产物的 XRD 衍射峰弱了许多。将在 N₂ 下烧结后的 CeO₂ 做了透射电镜表征，发现此时 CeO₂ 球为实心结构，与在空气下烧结后所得 CeO₂ 核壳结构完全不同。CeO₂ 的核壳结构是由热效应导致球内部结构收缩造成的，整个形成过程主要包括两个步骤。当 Ce（NO₃）₃ · 6H₂O 和一定量的酒石酸溶于乙二醇后，由于酒石酸中的羧基与 Ce³⁺ 离子有很强的配位作用，180 ℃ 微波反应过程中，在酒石酸的作用下，形成空心球结构。CeO₂ 的核壳结构的形成是在高温烧结过程中热效应导致球内部结构收缩造成的，前驱体空心球包含大量的酒石酸和乙二醇聚合物有机成分，Ce³⁺ 离子与乙二醇形成的配合物均匀地分布在这些富含碳的有机成分中，在高温热处理的过程中，由于前驱体空心球的表面和内部在热作用下的收缩速率的差异，导致了 CeO₂ 的核壳结构的出现。

6.3.5 CeO₂/MnOₓ 核壳结构的制备与表征

在 20 mL 乙二醇溶剂中加入 0.5 mmol Mn（NO₃）·4H₂O，0.5 mmol Ce(NO₃)₃·6H₂O 和 4 mmol 酒石酸搅拌溶解后，180 ℃ 微波反应 10 min 后，得到了大小在 500 nm 左右的空心球结构的前驱体（图 6.10）。

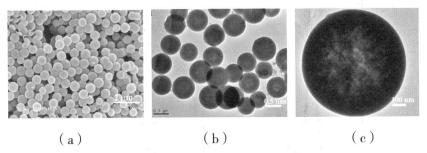

（a）　　　　　　　（b）　　　　　　　（c）

图 6.10　180 ℃ 微波反应 10 min 所得 Ce/Mn 有机化合物前驱体的 SEM 和 TEM 照片

（a）SEM 照片（b）TEM 照片（c）TEM 照片

将上述空心结构的前驱体以 2 ℃·min⁻¹ 的升温速率，在空气下 500 ℃ 烧结 3 h。图 6.11 给出了以升温速率 2 ℃·min⁻¹，将 180 ℃ 微波反应 10 min 所得产物在空气下 500 ℃ 烧结 3 h 后所得产物的 SEM 和 TEM 照片。从图 6.11（a）中可以看出，烧结后产物的形貌仍然与前驱体一样为球形；从图 6.11（b）可以看出，球的表面变得粗糙，大小在 300 nm 左右，产物为核壳结构并且球状的核也为空心结构，其形成的机理与 CeO₂ 核壳结构形成的机理类似。

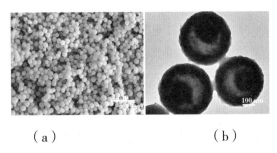

（a）　　　　　　　　　（b）

图 6.11　以升温速率 2 ℃·min⁻¹，将 180 ℃ 微波反应 10 min 所得产物在空气下 500 ℃ 烧结 3 h 后所得产物的 SEM 和 TEM 照片

（a）SEM 照片；（b）TEM 照片

将 Ce/Mn 有机化合物的前驱体在 500 ℃ 烧结 3 h 后所得产物进行了物相的表征。图 6.12 显示处理所得样品的 XRD 图谱，从图中可以看出所有的衍射峰均与立方萤石结构的 CeO_2（JCPDS card No. 34-0394）吻合，并没有出现锰氧化物的衍射峰。

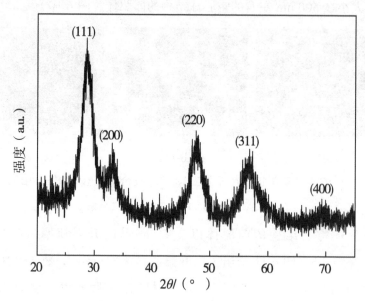

图 6.12 **将 180 ℃ 微波反应 10 min 所得 Ce/Mn 有机化合物前驱体在空气下 500 ℃ 烧结 3h 后的 XRD 图谱，升温速率为 2 ℃ · min⁻¹**

通过 XRD 表征，并没有发现锰氧化物的生成，为了进一步证实产物中 Mn 的存在，我们对产物做了能量色散 X 射线分析（EDX）和能量色散 X 射线光谱分析（EDS）。如图 6.13（a）所示，在该图谱中显示出 Ce，O，Si 和 Mn 元素的峰，其中 Si 元素的峰来自固定样品的硅片。从该实验结果中我们可以得知 Ce/Mn 的有机前驱体在 500 ℃ 烧结 3 h 后确实得到了 CeO_2 和锰的氧化物的复合材料。为了了解 Ce，O 和 Mn 3 种元素在复合氧化物中的分布情况，我们对产物做了 EDS 分析［图 6.13（b）］，可知 Ce，O 和 Mn 3 种元素在复合材料中是均匀分布的，并不是简单的物理混合。核壳结构 CeO_2/MnO_x 复合材料的比表面积通过 N_2 吸着在绝对温度 77 K 条件下进行了测定，其比表面积为 85.02 m^2·g^{-1}（图 6.14），比 CeO$_2$ 的核壳结构大了近 6 倍。

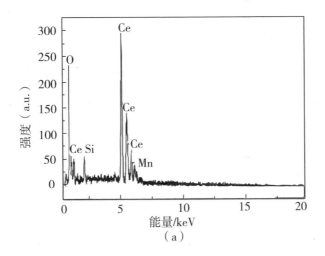

（a）

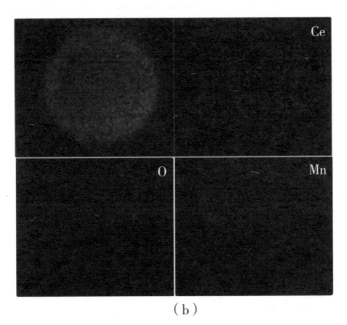

（b）

图 6.13　CeO$_2$/MnO$_x$ 复合材料的 EDX 和 EDS

（a）EDX；（b）EDS

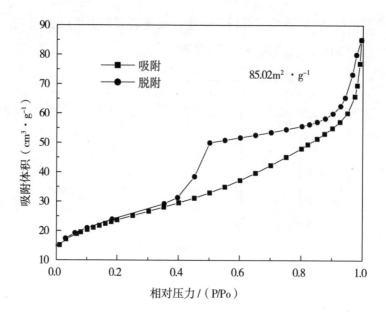

图 6.14　CeO_2/MnO_x 空心核壳结构的 N_2 吸附 − 解吸等温曲线

6.4　本章小结

本章中我们采用溶剂热法在酒石酸的辅助下制备了非晶态的前驱体空心结构，酒石酸的用量对前驱体空心球的形成有很大的影响。将空心结构的前驱体经过高温处理得到了核壳结构的 CeO_2，并提出了核壳结构的 CeO_2 的形成机理。应用此方法我们还得到了核壳结构的 CeO_2/MnO_x 复合材料。

第 7 章　类石墨烯结构的 MnO$_2$ 超薄片的合成

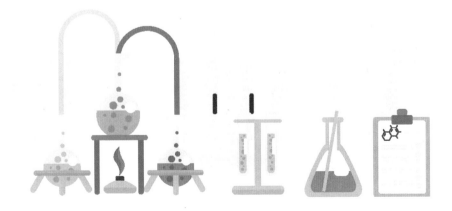

7.1　引言

在过去的几年里，石墨烯由于其独特的光学、电学和机械强度等性能已成为许多学者关注的焦点。伴随着石墨烯的发展，人们已成功制备出各种类石墨烯结构，尤其是单层和多层纳米薄片结构的无机材料。由于这些二维类石墨烯无机材料有诸多特殊的优点，例如较大的比表面积、大的长径比、高导热性、高机械强度等，常被应用在催化、气体传感器、锂离子电池、超级电容器等领域。二氧化锰（MnO_2）作为一种典型的过渡金属氧化物，具有众多独特的物理、化学性质，在电化学、吸附、催化和磁性质等诸多方面的应用越来越广泛。尤其是水钠锰矿型 MnO_2 备受关注，此化合物是由二层共棱的 $[MnO_6]$ 八面体构成，且层与层之间通过碱金属离子或水分子连接。到目前为止，随着研究的不断深入，一些有效的方法都可用来制备 MnO_2 超薄片。例如，Sasaki 等采用剥离的方法合成了 MnO_2 超薄片；Teng 等通过液相法合成了 MnO_2 超薄片；最近，人们又通过微波辅助法成功合成出 MnO_2 超薄片。然而，通过简单的方法合成二维 MnO_2 超薄片未见相关报道。因此，发展一种新颖且简单有效的方法来制备二维 MnO_2 超薄片具有理论研究和实际应用意义。

在本章中，我们采用高锰酸钾和碳球为原料，利用两者之间的氧化还原反应，首先制备了 C@MnO_2 核壳结构，延长反应时间最终得到了二维 MnO_2 超薄片，此合成方法在温和的条件下进行，很容易实现产物的大量制备。所制备出的二维 MnO_2 超薄片因其独特的纳米结构作为锂离子电池负极材料表现出良好的电化学性能，具有高比容量、在不同倍率下有良好的循环性能。此外，MnO_2 超薄片对于 CO 催化氧化表现出良好的催化活性。

7.2 实验部分

7.2.1 材料的合成

碳球的制备：在磁力搅拌下，将 10 g 葡萄糖溶解于 40 mL 去离子水中；将上述透明溶液转移到 100 mL 聚四氟乙烯内胆的不锈钢反应釜中，在 160 ℃ 下水热反应 6 h；自然冷却至室温后，通过离心将沉淀收集起来，并分别采用去离子水和乙醇清洗几次，在 50 ℃ 下烘干；为了将碳球表面的杂质除去，将所制备的碳球进一步纯化，即在 350 ℃ 煅烧 4 h。

MnO_2 超薄片和 MnO_2 粉末的制备：在磁力搅拌下，将 0.05 g 碳球分散至 50 mL 去离子水中，随后加入 0.15 g $KMnO_4$；将上述混合物转移到 100 mL 圆底烧瓶中，并在磁力搅拌下 70 ℃ 反应 24 h，然后冷却至室温，将所得产物离心分离，并用去离子水和乙醇各洗涤数次，在 50 ℃ 烘箱中干燥 12 h。

MnO_2 粉末的制备：将 0.2 mL 质量分数为 98% 的 H_2SO_4 加到 30 mL 去离子水中，再将 0.3 g $KMnO_4$ 加到上述溶液中并搅拌混匀。将混合溶液转移到 50 mL 聚四氟乙烯内胆的不锈钢反应釜中，在 150 ℃ 下反应 4 h。

7.2.2 材料的表征

产物的物相分析采用 X 射线粉末衍射仪（Shimadzu XRD-6000，Cu Kα，λ=1.541 8 Å）测得。扫描电子显微镜（SEM）照片用日本 Hitachi 公司 S-4800 型场发射扫描电镜获得，工作电压为 10 kV。透射电子显微镜（TEM）照片、高分辨透射电镜（HRTEM）照片及选区电子衍射（SAED）花样照片用日本 JEOL 公司的 JEM-2100 型透射电镜获得，加速电压为 200 kV。

7.2.3 电化学测试

将制备的活性材料 MnO_2 样品、乙炔黑（导电剂）和聚偏氟乙烯（PVDF）以 60：30：10 的质量比混合，加入一定量的 N- 甲基吡咯烷酮（NMP）调成糊糊状。将上述的糊糊状物均匀地涂在铜箔上，于 80 ℃ 真空干燥 12 h。金属锂片为对电极和参比电极，Celgard 聚丙烯多孔膜为隔膜，1 mol·L^{-1} $LiPF_6$（溶剂体积比为 1：1 的 EC/DMC）为电解液，在充满高纯氩气的手套箱中组装纽扣电池。纽扣电池在武汉蓝电电子有限公司的 LAND CT-2001A 型电池测试系统上进行充放电的测试，测试电压范围为 0.01 ～ 3.00 V。

7.2.4 CO 催化氧化测试

CO 催化氧化实验是在流动的微反应器上进行，混合反应气的组成为 1.6%（体积分数）CO、20.8% O_2 和 77.6% N_2，反应空速为 30 000 mL·g^{-1}·h^{-1}。催化剂用量为 50 mg，催化剂考察前均经流动的 N_2 在 100 ℃ 预处理 1 h。采用气相色谱仪分析前后 CO、CO_2 的浓度，氢火焰（FID）为检测器，反应尾气采用热导池检测器（TCD）检测。反应气体 CO、O_2 和 N_2 采用 13X 分子筛进行分离，产物 CO_2 采用 Porapak Q 填充柱来分离。

7.3　结果与讨论

7.3.1 MnO_2 样品的表征

图 7.1 为所得样品的 XRD 图谱。从图中可看出，所有的衍射峰与 α -MnO_2 相吻合。

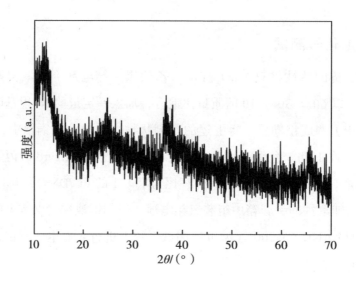

图 7.1　所得样品的 XRD 图谱

　　为了确定锰的价态及 MnO_2 超薄片的化学组成，采用 X 射线光电子能谱（XPS）对样品进一步表征。所得样品仅含 Mn，O 和 K，未发现其他元素［图 7.2（a）］。由图 7.2（b）可知，642.1 eV 和 653.6 eV 处分别出现了 $Mn2p_{3/2}$ 和 Mn $2p_{1/2}$ 的特征峰，且 Mn $2p_{3/2}$ 和 Mn $2p_{1/2}$ 的自旋能差为 11.5 eV，这与 XPS 数据手册中给定的 MnO_2、$Mn2p_{3/2}$ 和 Mn $2p_{1/2}$ 数据相吻合。图 7.2（c）中在 529.5 eV 和 531.3 eV 处出现了 O 1s 的一个强峰和弱峰，分别对应于八面体晶格［MnO_6］中的氧和夹层中 H_2O 中的氧。图 7.2（d）中在 292.2 eV 和 294.9 eV 处为 K 的 2p 峰，并表明 K 为一价。K/Mn 原子个数比大约为 0.14，因此 MnO_2 超薄片的组分也可写成 $K_{0.14}MnO_2$。

　　图 7.3 给出了 α-MnO_2 的 SEM 和 TEM 照片。从 SEM 照片［图 7.3（a）、图 7.3（b）］中可知所得 α-MnO_2 为二维纳米薄片。从 TEM 照片［图 7.3（c）至图 7.3（e）］中很明显的可以看出 α-MnO_2 为柔韧的超薄片结构。选区电子衍射花样［图 7.3（e）中的嵌入图］表明 MnO_2 薄片为多晶。图 7.3（f）是 α-MnO_2 的高分辨电镜照片，晶面间距约为

0.25 nm，与 α-MnO$_2$ 的（100）面间距相对应。超薄片结构 α-MnO$_2$ 的比表面积通过 N$_2$ 吸附在绝对温度 77 K 条件下进行了测定，其比表面积为 119.63 m^2·g^{-1}（图 7.4）。据大量的报道可知，采用具有纳米超薄片结构物质作为电极材料，因其有较大的比表面积能够确保其与电解液充分接触。

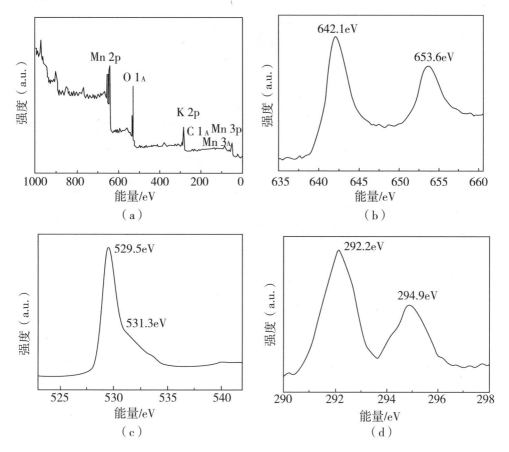

图 7.2　所得样品的 XPS 图谱

（a）MnO$_2$ 的 XPS 全图谱；（b）Mn 2p 图谱；（c）O 1s 图谱；（d）C 1s 图谱

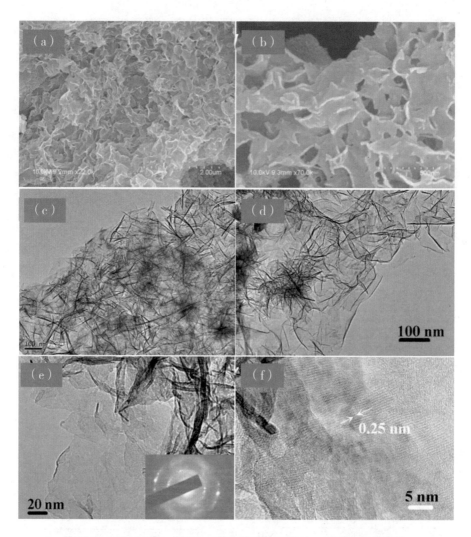

图 7.3　所得 MnO_2 样品的 SEM 和 TEM 照片，以及高分辨图片

（a）（b）SEM 照片；（c）～（e）TEM 照片，（e）中插图为选区电子衍射花样；（f）高分辨图片

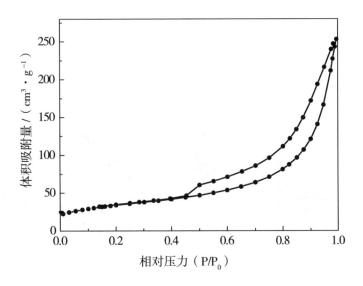

图 7.4　MnO$_2$ 超薄片结构的 N$_2$ 吸附 – 解吸等温曲线

7.3.2 MnO$_2$ 超薄片结构的形成机理

为了研究 MnO$_2$ 超薄片的形成机理，作者做了一系列随反应时间变化的实验。图 7.5 为所制备碳球的 TEM 照片，从照片中可以看出，碳球的表面是光滑的。当碳球与 KMnO$_4$ 反应 1.5 h 后，碳球的表面变得粗糙 ［图 7.6（a）、图 7.6（b）］。由图 7.6（c）和图 7.6（d）可知，当反应时间增加至 3 h，出现了 C@MnO$_2$ 核壳结构。出现这种核壳结构可以解释为：在室温下，当碳球和 KMnO$_4$ 混合后，两者很容易发生氧化还原反应式（7–1），因此在碳球表面形成 MnO$_2$ 纳米颗粒。当反应温度升高到 70 ℃ 时，由于 KMnO$_4$ 发生水解反应式（7–2）生成 MnO$_2$，最初生成的 MnO$_2$ 纳米颗粒会逐渐生长为 MnO$_2$ 纳米片。MnO$_2$ 纳米片生长在碳球的表面，随着反应时间的推移，碳球作为反应物逐渐被消耗掉。因此，当反应时间为 3 h，形成了 C@MnO$_2$ 核壳结构。当反应时间为 12 h，碳核完全消失，形成了由 MnO$_2$ 超薄片组装成空心球结构；同时也可观察到 MnO$_2$ 超薄片和破碎的空心球结构的存在 ［图 7.6（e）、图 7.6（f）］。由于 MnO$_2$ 超薄片组装成的空心球在该反应体系中不稳定，随着反应时间的进行，MnO_2 空心球最终变成了 MnO_2 超薄片。MnO_2 超薄片的形成机理如图 7.7 所示。

$$4MnO_4^- + 3C + H_2O \rightarrow 4MnO_2 + CO_3^{2-} + 2HCO_3^- \qquad （7-1）$$

$$4MnO_4^- + 2H_2O \rightarrow 4MnO_2 + 4OH^- + 3O_2 \qquad （7-2）$$

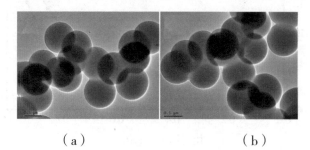

（a） （b）

图 7.5 所制备碳球的 TEM 照片

（a）（b）TEM 照片

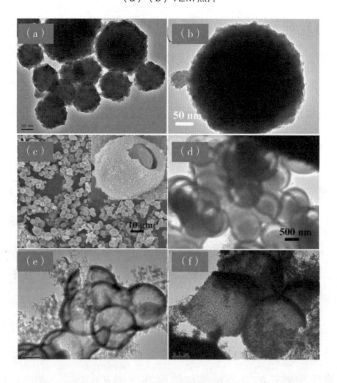

图 7.6 不同反应时间下所得样品的 SEM 和 TEM 照片

（a）（b）1.5 h；（c）（d）3 h；（e）（f）12 h

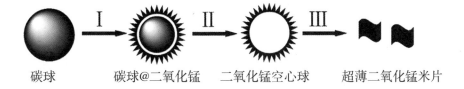

碳球　　碳球@二氧化锰　　二氧化锰空心球　　超薄二氧化锰米片

图 7.7　MnO$_2$ 超薄片的形成机理

7.3.3 MnO$_2$ 电化学性能测试

将制备的 MnO$_2$ 超薄片和纯 MnO$_2$ 粉末作为负极材料组装成锂离子电池。图 7.8（a）和图 7.8（b）分别为 MnO$_2$ 超薄片和 MnO$_2$ 粉末作负极材料构筑成的锂离子电池在 200 mA·g^{-1} 电流密度下的首次、第 2 次、第 10 次、第 30 次、第 50 次、第 100 次充放电曲线，电池的充放电电压范围是 0.01 ～ 3.0 V。如图 7.8（a）所示，首次放电容量为 906 mAh·g^{-1}，对应的充电容量为 804 mAh·g^{-1}。首次循环库伦效率为 88%。在多次循环中，充放电平台比较稳定，这就说明 MnO$_2$ 超薄片在充放电过程中有利于 Li$^+$ 的嵌入和脱出。由图 7.8（a）和图 7.8（b）比较可知，二维 MnO$_2$ 超薄片电极比 MnO$_2$ 粉末电极表现出较高的电容量。图 7.9 为 MnO$_2$ 超薄片和 MnO$_2$ 粉末作为电极构筑成的电池在 200 mA·g^{-1} 电流密度下的循环性能曲线。从图 7.9（a）可知，此种锂离子电池具有良好的循环性能，50 次循环和 100 循环次后可逆容量分别保持在 658 mAh·g^{-1} 和 732 mAh·g^{-1}。在相同的条件下，MnO$_2$ 粉末电极具有较低的比容量，这说明与 MnO$_2$ 超薄片相比 MnO$_2$ 粉末利用率低。除了高容量和良好的循环性能，倍率性能也是评价锂离子电池性能的一个重要因素。图 7.9（b）为 MnO$_2$ 超薄片电极在不同电流密度下的倍率性能。由图可知，在电流密度为 200 mA·g^{-1}、400 mA·g^{-1}、600 mA·g^{-1}、800 mA·g^{-1}、2 000 mA·g^{-1}、4 000 mA·g^{-1} 时，比容量分别约为 957 mAh·g^{-1}、802 mAh·g^{-1}、639 mAh·g^{-1}、525 mAh·g^{-1}、323 mAh·g^{-1} 和 156 mAh·g^{-1}。高倍率充放电循环后，电流密度重新设定为 200 mA·g⁻¹，比容量仍高达 788 mAh·g⁻¹。上述实验结果表明，MnO₂ 超薄片作为锂离子电池负极材料表现出优异的循环性能和倍率性能。MnO₂ 超薄片具有良好的电化学性能归因于其独特的结构，即其片状结构既可有效防止样品的聚集，同时还可增加电解液与电极材料的接触。另外，超薄的片状结构缩短了电子和 Li⁺ 反应过程中的扩散路径。

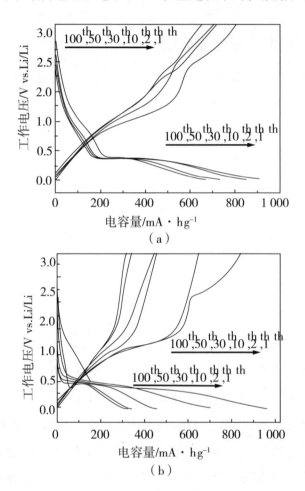

图 7.8　MnO₂ 超薄片（a）和 MnO₂ 粉末在 200 mA·g⁻¹ 的电流密度下的充放电曲线

（a）MnO₂ 超薄片；（b）MnO2 粉末

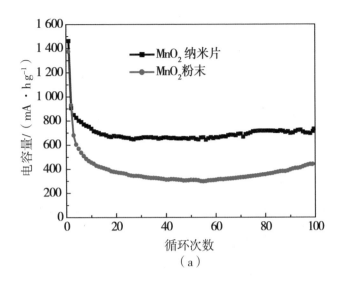

（a）

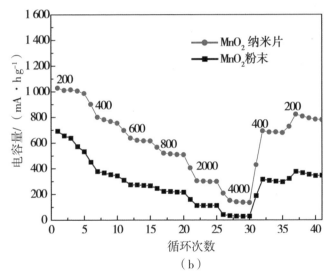

（b）

图 7.9 不同 MnO$_2$ 的循环性能和倍率性能

（a）MnO$_2$ 超薄片和 MnO$_2$ 粉末在 200 mA·g^{-1} 的电流密度下循环性能；
（b）MnO$_2$ 超薄片和 MnO$_2$ 粉末在不同电流密度下倍率性能

7.3.4 MnO$_2$ 催化性能测试

催化氧化 CO 反应是控制汽车尾气的主要方法之一。近年来，MnO$_2$

因其价格低廉、环保等特点已被证明是一个很好的 CO 催化剂。因此，我们采用催化氧化 CO 反应为反应模型，来评价我们所制备 MnO$_2$ 样品的催化性能。图 7.10 为以 MnO$_2$ 超薄片和 MnO$_2$ 粉末作为催化剂的 CO 随温度的转换效率图。从图中可清楚地观察到，在 180 ℃时 MnO$_2$ 超薄片可近 100% 催化氧化 CO，而 MnO$_2$ 粉末催化氧化 CO 效率仅 52%。上述实验结果表明，MnO$_2$ 超薄片可有效地催化氧化 CO，这可归因于其超薄的纳米结构具有较大的比表面积。

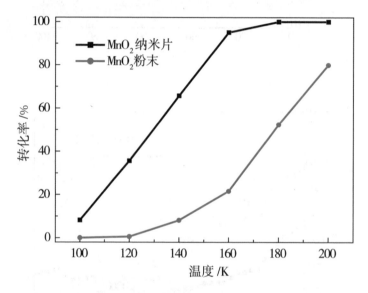

图 7.10　MnO$_2$ 催化剂 CO 催化氧化活性

7.4　本章小结

在本章中，我们利用 KMnO$_4$ 和 C 球之间的简单氧化还原反应，合成出了 C@MnO$_2$ 核壳结构，延长反应时间最终得到了二维 MnO$_2$ 超薄片，提出了 MnO$_2$ 超薄片结构的可能形成机理。MnO$_2$ 超薄片作为锂离子电池负极材料具有高容量、良好的循环性能和倍率性能。另外，MnO$_2$ 超薄片还可作为一种有效的催化剂来催化氧化 CO。

参考文献

[1] 白春礼 . 纳米科技现在与未来 [M]. 成都：四川教育出版社，2001.

[2] 华彤文，陈景祖 . 普通化学原理 [M]. 北京：北京大学出版社，2005.

[3] 张立德，牟季美 . 纳米材料和纳米结构 [M]. 北京：科学出版社，2001.

[4] GAO M R, XU Y F, JIANG J, et al. Nanostructured metal chalcogenides: synthesis, modification, and applications in energy conversion and storage devices[J]. Chem. Soc. Rev., 2013，42（7）：2986–3017.

[5] LOU X W, DENG D, LEE J Y, et al. Thermal formation of mesoporous single-crystal Co_3O_4 nano-needles and their lithium storage properties[J]. Adv. Mater., 2008，18：4397–4401.

[6] JIANG H, LI C Z, SUN T, et al. High-performance supercapacitor material based on Ni（OH）$_2$ nanowire-MnO_2 nanoflakes core-shell nanostructures[J]. Chem Commun, 2012，48（20）：2606–2608.

[7] WANG Z Y, LUAN D Y, LI C M, et al. Engineering nonspherical hollow structures with complex interiors by template-engaged redox etching[J]. J. Am. Chem. Soc., 2010，132（45）：16271–16277.

[8] COLFEN H, MANN S. Higher–order organization by mesoscale self-assembly and transformation of hybrid nanostructures[J]. Angew. Chem., Int., 2003，42（21）：2350–2365.

[9] JIA B P, GAO L. Growth of well-defined cubic hematite single crystals：

oriented aggregation and ostwald ripening[J]. Cryst. Growth Des., 2008, 8（4）: 1372–1376.

[10] LIU J, ZHOU Y C, WANG J B, et al. Template-free solvothermal synthesis of yolk-shell V_2O_5 microspheres as cathode materials for Li-ion batteries[J]. Chem. Commun, 2011, 47（37）: 10380–10382.

[11] JIANG H, SUN T, LI C Z, et al. Hierarchical porous nanostructures assembled from ultrathin MnO_2 nanoflakes with enhanced supercapacitive performances[J]. J. Mater. Chem., 2012, 22（6）: 2751–2756.

[12] WANG Z L, LIU X J, LV M F, et al. Preparation of one-dimensional $CoFe_2O_4$ nanostructures and their magnetic properties[J]. J. Phys. Chem. C., 2008, 112（39）: 15171–15175.

[13] ZENG H, LI J, LIU J P, et al. Exchange–coupled nanocomposite magnets by nanoparticle self-assembly[J]. Nature, 2002, 420, 395–398.

[14] HU X, YU J C, GONG J M, et al. $\alpha-Fe_2O_3$ nanorings prepared by a microwave-assisted hydrothermal process and their sensing properties[J]. Adv. Mater, 2007, 19（17）: 2324–2329.

[15] RABENAU A. The role of hydrothermal synthesis in preparative chemistry[J]. Angew. Chem., Int., 1985, 24（12）: 1026–1040.

[16] 施尔畏, 夏长泰, 王步国, 等. 水热法的应用与发展 [J]. 无机材料学报, 1996, 11（2）: 193–206.

[17] CAO M H, LIU T F, GAO S, et al. Single-crystal dendritic micro-pines of magnetic $\alpha-Fe_2O_3$: large-scale synthesis, formation mechanism, and properties[J]. Angew. Chem., Int., 2005, 44（27）: 4197–4201.

[18] ZHANG X L, SUI C H, GONG J, et al. Preparation and formation mechanism of different $\alpha-Fe_2O_3$ morphologies from snowflake to paired microplates, dumbbell, and spindle microstructures[J]. J. Phys. Chem. C., 2007, 111（26）: 9049–9054.

[19] YIN J Z, YU Z N, GAO F, et al. Low-symmetry iron oxide nanocrystals bound by high index facets[J]. Angew. Chem., Int., 2010, 49（36）: 6328–6332.

[20] PANG H, LU Q Y, WANG J J, et al. Glucose-assisted synthesis of copper

micropuzzles and their application as nonenzymatic glucose sensors[J]. Chem. Commun, 2010, 46（12）: 2010–2012.

[21] YIN J Z, LU Q Y, YU Z N, et al. Hierarchical ZnO nanorod–assembled hollow superstructures for catalytic and photoluminescence applications[J]. Cryst. Growth Des., 2010, 10（1）: 40–43.

[22] YIN J Z, GAO F, WANG J J, et al. Synthesis and mechanism studies of novel drum–like Cd（OH）$_2$ superstructures[J]. Chem Commun, 2011, 47（14）: 4141–4143.

[23] LIU Q, ZHOU Y, KOU J H, et al. High-yield synthesis of ultralong and ultrathin Zn_2GeO_4 nanoribbons toward improved photocatalytic reduction of CO_2 into renewable hydrocarbon fuel[J]. J. Am. Chem. Soc., 2010, 132（41）: 14385–14387.

[24] TIAN G H, CHEN Y J, ZHOU W, et al. Facile solvothermal synthesis of hierarchical flower–like Bi_2MoO_6 hollow spheres as high performance visible-light driven photocatalysts[J]. J. Mater. Chem., 2011, 21（3）: 887–892.

[25] FANG X L, CHEN C, JIN M S, et al. Single–crystal–like hematite colloidal nanocrystal clusters: synthesis and applications in gas sensors, photocatalysis and water treatment[J]. J. Mater. Chem., 2009, 19（34）: 6154–6160.

[26] VESTAL C R, ZHANG Z J. Synthesis of $CoCrFeO_4$ nanoparticles using microemulsion methods and size-dependent studies of their magnetic properties[J]. Chem Mater., 2002, 14（9）: 3817–3822.

[27] RAGHUVEER V, FERREIRA P J, MANTHIRAM A. Comparison of Pd-Co-Au electrocatalysts prepared by conventional borohydride and microemulsion methods for oxygen reduction in fuel cells[J]. Electrochem Commun., 2006, 8（5）: 807–814.

[28] ZHAO Y, LI F, ZHANG R, et al. Preparation of layered double–hydroxide nanomaterials with a uniform crystallite size using a new method involving separate nucleation and aging steps[J]. Chem. Mater., 2002, 14（10）: 4286–4291.

[29] ZHANG S X, NIU H Y, CAI Y Q, et al. Arsenite and arsenate adsorption on

coprecipitated bimetal oxide magnetic nanomaterials: $MnFe_2O_4$ and $CoFe_2O_4[J]$. Chem. Eng. J., 2010, 158（3）: 599–607.

[30] ABELLO S, PEREZ-RAMIEZ J. Tuning nanomaterials characteristics by a miniaturized in–line dispersion precipitation method: application to hydrotalcite synthesis[J]. Adv. Mater., 2006, 18（18）: 2436–2439.

[31] CHAN K Y, DING J, REN J W, et al. Supported mixed metal nanoparticles as electrocatalysts in low temperature fuel cells[J]. J. Mater. Chem., 2004, 14（4）: 505–516.

[32] CHENG Z G, WANG S Z, WANG Q, et al. A facile solution chemical route to self-assembly of CuS ball-flowers and their application as an efficient photocatalyst[J]. Cryst. Eng. Comm., 2010, 12（1）: 144–149.

[33] SUI Y M, FU W Y, ZENG Y, et al. Synthesis of Cu_2O nanoframes and nanocage by selective oxidative etching at room temperature[J]. Angew. Chem., Int., 2010, 49（25）: 4282–4285.

[34] ZHANG M Y, SHAO C L, MU J B, et al. Hierarchical heterostructures of Bi_2MoO_6 on carbon nanofibers: controllable solvothermal fabrication and enhanced visible photocatalytic properties[J]. J. Mater. Chem., 2012, 22（2）: 577–584.

[35] LIANG R L, CAO H Q, QIAN D. MoO_3 nanowires as electrochemical pseudocapacitor materials[J]. Chem. Commun, 2011, 47（37）: 10305–10307.

[36] DU W, LIU R M, JIANG Y W, et al. Facile synthesis of hollow Co_3O_4 boxes for high capacity supercapacitor[J]. J. Power Sources, 2013, 227: 101–105.

[37] PANG H, GAO F, CHEN Q, et al. Dendrite-like Co3O4 nanostructure and its applications in sensors, supercapacitors and catalysis[J]. Dalton Trans., 2012, 41（19）: 5862–5868.

[38] ZHAO G X, LI J X, JIANG L, et al. Synthesizing MnO_2 nanosheets from graphene oxide templates for high performance pseudosupercapacitors[J]. Chem. Sci., 2012, 3（2）: 433–437.

[39] RUI X H, LU Z Y, YU H, et al. Ultrathin V_2O_5 nanosheet cathodes: realizing

ultrafast reversible lithium storage[J]. Nanoscale, 2013, 5（2）: 556–560.

[40] WANG Z Y, ZHOU L, LOU X W. Metal oxide hollow nanostructures for lithium-ion batteries[J]. Adv. Mater., 2012, 24（14）: 1903–1911.

[41] LUO W, HU X L, SUN Y M, et al. Electrospun porous $ZnCo_2O_4$ nanotubes as high performance anode material for lithium-ion batteries[J]. J. Mater. Chem., 2012, 22（18）: 8916–8921.

[42] ZHOU L, ZHAO D Y, LOU X W. Double-shelled $CoMn_2O_4$ hollow microcubes as high–capacity anodes for lithium-ion batteries[J]. Adv. Mater, 2012, 24（6）: 745–748.

[43] PANG H, LU Q Y, ZHANG Y Z, et al. Selective synthesis of nickel oxide nanowires and length effect on their electrochemical properties[J]. Nanoscale, 2010, 2（6）: 920–922.

[44] PANG H, GAO F, LU Q Y. Morphology effect on antibacterial activity of cuporous oxide[J]. Chem. Commun, 2009, 9:1076–1079.

[45] PANG H, LU Q Y, CHEN C Y, et al. Facile synthesis of $Ni_3（BO_3）_2$ nanoribbons and their antimicrobial, electrochemical and electrical properties[J]. J. Mater. Chem., 2011, 21（36）: 13889–133894.

[46] GAO F, PANG H, XU S P, et al. Copper-based nanostructures: promising antibacterial agents and photocatalysts[J]. Chem Commun., 2009, 24: 3571–3573.

[47] LU L H, SUN G Y, XI S Q, et al. A colloidal templating method to hollow bimetallic nanostructures[J]. Langmuir, 2003, 19（7）: 3074–3077.

[48] JIN P, CHEN Q W, HAO L Q, et al. Synthesis and catalytic properties of nickel-silica composite hollow nanospheres[J]. J. Phys. Chem. B., 2004, 108（20）: 6311–6314.

[49] LIU Q, LIU H J, HAN M, et al. Nanometer-sized nickel hollow spheres[J]. Adv. Mater., 2005, 17（16）: 1995–1999.

[50] WANG X, WU X L, GUO Y G, et al. Synthesis and lithium storage properties of Co_3O_4 nanosheet-assembled multishelled hollow spheres[J]. Adv. Funct. Mater., 2010, 20（10）: 1680–1686.

[51] WANG Y, ZHU Q S, ZHANG H G. Fabrication of β –Ni（OH）$_2$ and NiO

hollow spheres by a facile template-free process[J]. Chem. Commun., 2005, 41: 5231–5233.

[52] LOU X W, WANG Y, YUAN C L, et al. Template-free synthesis of SnO_2 hollow nanostructures with high lithium storage capacity[J]. Adv. Mater., 2006, 18（17）: 2325–2329.

[53] CHANG Y, TEO J J, ZENG H C. Formation of colloidal CuO nanocrystallites and their spherical aggregation and reductive transformation to hollow Cu_2O nanospheres[J]. Langmuir, 2005, 21（3）: 1074.

[54] CHEN Y, XIA H, LIU L, et al. Synthesis of porous hollow Fe_3O_4 beads and their applications in lithium ion batteries[J]. J. Mater. Chem., 2012, 22（11）: 5006–5012.

[55] YIN Y D, RIOUX R M, ERDONMEZ C K, et al. Formation of hollow nanocrystals through the nanoscale kirkendall effect[J]. Science, 2004, 304（5271）: 711–714.

[56] YAN C L, XUE D F. Formation of Nb_2O_5 nanotube arrays through phase transformantion[J]. Adv. Mater., 2008, 20（5）: 1055–1058.

[57] LIANG H P, GUO Y G, ZHANG H M, et al. Controllable AuPt bimetallic hollow nanostructures[J]. Chem. Commun., 2004, 13: 1496–1497.

[58] XIONG S L, XI B J, WANG C M, et al. Shape-controlled synthesis of 3D and 1D structures of CdS in a binary solution with L-cysteine's assistance[J]. Chem. Eur. J., 2007, 13（11）: 3076–3081.

[59] FU X Q, LIU J Y, WAN Y T, et al. Preparation of a leaf-like CdS micro-/nanostructure and its enhanced gas–sensing properties for detecting volatile organic compounds[J]. J. Mater. Chem., 2012, 22（34）: 17782–17791.

[60] GAO F, LU Q Y, MENG X K, et al. CdS nanorod-based structures: from two- and three-dimensional leaves to flowers[J]. J. Phys. Chem. C., 2008, 112（35）: 13359–13365.

[61] LI L S, SUN N J, HUANG Y Y, et al. Topotactic transformation of single crystalline precursor discs into disc-like Bi_2S_3 nanorod networks[J]. Adv. Funct. Mater., 2008, 18（8）: 1194–1201.

[62] LU Q Y, GAO F, KOMARNENI S. Biomolecule-assisted syntheis of highly ordered snowflakelike structures of bismuth sulfide nanorods[J]. J. Am. Chem. Soc., 2004, 126（1）: 54–55.

[63] GAO F, LU Q Y, KOMARNENI S. Protein-assisted synthesis of single crystal nanowires of bismuth compounds[J]. Chem. Commun., 2005, 4: 531–533.

[64] CAO F, LIU R X, ZHOU L, et al. One-pot synthesis of flowerlike Ni_7S_6 and its application in selective hydrogenation of chloronitrobenzene[J]. J. Mater. Chem., 2010, 20（6）: 1078–1085.

[65] WU Z C, PAN C, LI T W, et al. Formation of uniform flowerlike patterns of NiS by macrocycle polyamine assisted solution-phase route[J]. Cryst. Growth Des., 2007, 7（12）: 2454–2459.

[66] WANG Y, ZHU Q S, TAO L, et al. Controlled-synthesis of NiS hierarchical hollow microsphere with different building blocks and their application in lithium batteries[J]. J. Mater. Chem., 2011, 21（25）: 9248–9254.

[67] XIONG S L, XI B J, WANG C M, et al. Tunable synthesis of various wurtzite ZnS architectural structures and their photocatalytic properties[J]. Adv. Funct. Mater., 2007, 17（15）: 2728–2738.

[68] YU X X, YU J G, CHENG B, et al. One-pot template-free synthesis of monodisperse zinc sulfide hollow spheres and their photocatalyti properties[J]. Chem. Eur. J., 2009, 15（27）: 6731–6739.

[69] LI G P, ZHAI J F, LI D, et al. One-pot synthesis of monodispersed ZnS nanospheres with high antibacterial activity[J]. J. Mater. Chem., 2010, 20（41）: 9215–9219.

[70] LI Z Q, DING Y, XIONG Y J, et al. One-step solution-based catalytic route to fabricate novel α–MnO_2 hierarchical structures on a large scale[J]. Chem. Commun., 2005, 7: 918–920.

[71] FEI J B, CUI Y, YAN X H, et al. Controlled preparatioin of MnO_2 hierarchical hollow nanostructures and their application in water treatment[J]. Adv. Mater., 2008, 20（3）: 452–456.

[72] LI W Y, LIU Q, SUN Y G, et al. MnO_2 ultralong nanowires with better

electrical conductivity and enhanced supercapacitor[J]. J. Mater. Chem., 2012, 22（30）：14864–14867.

[73] YU T, KIM B, XIA Y N. Aqueous–phase synthesis of single-crystalceria nanosheets[J]. Angew. Chem., Int., 2010, 49（26）：4484–4487.

[74] FAN C M, ZHANG L F, WANG S S, et al. Novel CeO_2 yolk–shell structures loaded with tiny Au nanoparticles for superior catalytic reduction of p-nitrophenol[J]. Nanoscale, 2012, 4（21）：6835–6840.

[75] WANG B, CHEN J S, WU H B, et al. Quasiemusion-templated formation of α–Fe_2O_3 hollow spheres with enhanced lithium storage properties[J]. J. Am. Chem. Soc., 2011, 133（43）：17146–17148.

[76] LIU J, XIA H, XUE D F, et al. Double-shelled nanocapsules of V_2O_5– based composites as high–performance anode and cathode materials for Li ion batteries[J]. J. Am. Chem. Soc., 2009, 131（34）：12086–12087.

[77] LI L L, CHU Y, LIU Y, et al. Template-free synthesis and photocatalytic properties of novel Fe_2O_3 hollow spheres[J]. J. Phys. Chem. C., 2007, 111（5）：2123–2127.

[78] WU Z C, ZHANG M, YU K, et al. Self-assembled double-shelled ferrihydrite hollow spheres with a tunable aperture[J]. Chem. Eur. J., 2008, 14（17）：5346–5352.

[79] XU Z H, CAO Y, LI C X, et al. Urchin–like $GdPO_4$ and $GdPO_4$:Eu^{3+} hollow spheres–hydrothermal synthesis, luminescence and drug-delivery properties[J]. J. Mater. Chem., 2011, 21：3686–3694.

[80] TITIRICI M M, ANTONIETTI M, THOMAS A. A generalized synthesis of metal oxide hollow spheres using a hydrothermal approach[J]. Chem. Mater., 2006, 18（16）：3808–3812.

[81] WANG Y, SU X W, LU S. Shape-controlled synthesis of TiO_2 hollow structures and their application in lithium batteries[J]. J. Mater. Chem., 2012, 22：1969–1976.

[82] XU H L, WANG W Z. Template synthesis of multishelled Cu_2O hollow spheres with a single–crystalline shell wall[J]. Angew. Chem., Int., 2007, 46（9）：1489–1492.

[83] LIU J, XUE D F. Thermal oxidation strategy towards porous metal oxide hollow architectures[J]. Adv. Mater., 2008, 20（13）: 2622–2627.

[84] LIU B, ZENG H C. Symmetric and asymmetric Ostwald ripening in the fabrication of homogeneous core–shell semiconductors[J]. Small, 2005, 1（5）: 566.

[85] CHEN Z T, GAO L. A new route toward ZnO hollow spheres by a base–erosion mechanism[J]. Cryst. Growth Des., 2008, 8（2）: 460–464.

[86] LI Z P, ZHAO Q Q, FAN W L, et al. Porous SnO_2 nanospheres as sensitive gas sensors for volatile organic compounds detection[J]. Nanoscale., 2011, 3: 1646–1652.

[87] JIA C J, SUN L D, YAN Z G, et al. Single–crystalline iron oxide nanotubes[J]. Angew. Chem., Int., 2005, 44（28）: 4328–4333.

[88] LU Q Y, GAO F, KOMARNENI S. Biomolecule–assisted reduction in the synthesis of single–crystalline tellurium nanowires[J]. Adv. Mater., 2004, 14（18）: 1629–1632.

[89] YUAN C Z, ZHANG X G, HOU L R, et al. Lysine–assisted hydrothermal synthsis of urchin–like ordered arrays of mesoporous Co（OH）$_2$ nanowires and their application in electrochemical capacitors[J]. J. Mater. Chem., 2010, 20: 10809–10816.

[90] ZUO F, YAN S, ZHANG B, et al. L–cysteine–assisted synthesis of PbS nanocube–based pagoda–like hierarchical architectures[J]. J. Phys. Chem.C., 2008, 112（8）: 2831–2835.

[91] ZHANG H G, ZHU Q S, ZHANG Y, et al. One-pot synthesis and hierarchical assembly of hollow Cu_2O microspheres with nanocrystals–composed porous multishell and their gas-sensing properties[J]. Adv. Funct. Mater., 2007, 17（15）: 2766.

[92] DING S J, WANG Y M, HONG Z L, et al. Biomolecule–assisted route to prepare titania mesoporous hollow structures[J]. Chem.– Eur. J., 2011, 17（41）: 11535–11541.

[93] KATZ E, WILLNER I. Integrated nanoparticle–biomolecule hybrid systems: synthesis, properties, and applications[J]. Angew. Chem., Int. Ed., 2004, 43（45）: 6042–6108.

[94] NISHI N, OHNUMA H, NISHIMURA S I, et al. Studies on chitin. VII.

Preparations of p-substituted benzoylchitins[J]. Polym. J., 1982, 14: 919–923.

[95] DAI Z H, ZHANG J, BAO J C, et al. Facile synthesis of high-quality nano-sized CdS hollow spheres and their application in electrogenerated chemiluminescence sensing[J]. J. Mater. Chem., 2007, 17: 1087.

[96] WU D Z, GE X W, ZHANG Z C, et al. Novel one-step route for synthesizing CdS/Polystyrene nanocomposite hollow spheres[J]. Langmuir., 2004, 20 (13): 5192–5195.

[97] LUO M, LIU Y, HU J C, et al. One-pot synthesis of CdS and Ni-doped CdS hollow spheres with enhanced photocatalytic activity and durability[J]. ACS Appl. Mater. Interfaces., 2012, 4 (3): 1813–1821.

[98] HUANG J X, XIE Y, LI B, et al. In-situ source-template-interface reaction route to semiconductor CdS submicrometer hollow spheres[J]. Adv. Mater., 2000, 12 (11): 808–811.

[99] RENGARAJ S, VENKATARAJ S, JEE S H, et al. Cauliflower-like CdS microspheres composed of nanocrystals and their physicochemical properties[J]. Langmuir., 2011, 27 (1): 352–358.

[100] PANG H, LU Q Y, LI Y C, et al. Facile synthesis of nickel oxide nanotubes and their antibacterial, electrochemical and magnetic properties[J]. Chem. Commun., 2009, 48: 7542–7544.

[101] XIE X W, LI Y, LIU Z Q, et al. Low-temperature oxidation of CO catalysed by Co_3O_4 nanorods[J]. Nature, 2009, 458: 746–749.

[102] XIA Y N, YANG P D, SUN Y G, et al. One-dimensional nanostructures: synthesis, characterization, and applications[J]. Adv. Mater., 2003, 15 (5): 353–389.

[103] CAO A M, HU J S, LIANG H P, et al. Self-assembled vanadium pentoxide (V_2O_5) hollow microspheres from nanorods and their application in lithium-ion batteries[J]. Angew. Chem., Int. Ed., 2005, 44 (28): 4391–4395.

[104] ZHOU J, DING Y, DENG S Z, et al. Three-dimensional tungsten oxide nanowire networks[J]. Adv. Mater., 2005, 17 (17): 2107–2110.

[105] SONG H S, LUO J J, ZHOU M D, et al. Multilayer quasi-aligned nanowire

webs of aluminum borate[J]. Cryst. Growth Des. 2007, 7（3）: 576–579.

[106] ZHOU Y X, ZHANG Q, GONG J Y, et al. Surfactant-assisted hydrothermal synthesis and magnetic properties of urchin–like $MnWO_4$ microspheres[J]. J. Phys. Chem. C. 2008, 112（35）: 13383–13389.

[107] WU T, ZHOU X G, ZHANG H, et al. Bi_2S_3 nanostructures: a new photocatalyst[J]. Nano Res., 2010, 3（5）: 379–386.

[108] YAO K, GONG W W, HU Y F, et al. Individual Bi_2S_3 nanowire-based room temperature H_2 sensor[J]. J. Phys. Chem. C, 2008, 112（23）: 8721–8724.

[109] LI J H, SHI L Y, YUAN S, et al. Solvothermal synthesis of TiO_2 nanocrystal colloids from peroxotitanate complex solution and their photocatalytic activities[J]. J. Phys. Chem. C., 2009, 113（43）: 18778–18783.

[110] MA J M, LIU Z F, LIAN J B, et al. Ionic liquids-assisted synthesis and electrochemical properties of Bi_2S_3 nanostructures[J]. CrystEngComm., 2011, 13（8）: 3072–3079.

[111] TANG J, ALIVISATOS A P. Crystal splitting in the growth of Bi_2S_3[J]. Nano Lett., 2006, 6（12）: 2701–2706.

[112] SIGMAN M B, KORGEL B A. Solventless synthesis of Bi_2S_3（bismuthinite）nanorods, nanowires, and nanofabric[J]. Chem Mater., 2005, 17（7）: 1655–1660.

[113] ZHAO Y, XIE Y, JIE J S, et al. Tectonic arrangement of Bi_2S_3 nanocrystals into 2D networks[J]. J. Mater. Chem., 2009, 19（21）: 3378–3383.

[114] YANG H G, ZENG H C. Creation of intestine–like interior space for metal-oxide nanostructures with a quasi-reverse emulsion[J]. Angew. Chem., Int. Ed. 2004, 43（39）: 5206–5209.

[115] WANG B, WU H B, YU L, et al. Template-free formation of uniform urchin-like α–FeOOH hollow spheres with superior capability for water treatment[J]. Adv. Mater., 2012, 24（8）: 1111–1116.

[116] JIANG X C, WANG Y L, HERRICKS T, et al. Ethylene glycol-mediated synthesis of metal oxidenanowires[J]. J. Mater. Chem., 2004, 14（4）: 695–

703.

[117] JIANG X C, HERRICKS T, XIA Y N. Monodispersed spherical colloids of titania: synthesis, characterization, and crystallization[J]. Adv. Mater., 2003, 15（14）: 1205–1209.

[118] CAO A M, MONNELL J D, WU J M, et al. Hierarchical nanostructured copper oxide and its application in arsenic removal[J]. J. Phys. Chem. C., 2007, 111（50）: 18624–18628.

[119] XIONG J Y, CHENG G, LU Z, et al. BiOCOOH hierarchical nanostructures: shape-controlled solvothermal synthesis and photocatalytic degradation performances[J]. Cryst Eng Comm., 2011, 13（7）: 2381–2390.

[120] DUAN F, ZHENG Y, LIU L, et al. Synthesis and photocatalytic behavior of 3D flowerlike bismuth oxide formate architectures[J]. Mater. Lett., 2010, 64（14）: 1566–1569.

[121] FU H B, PAN C S, YAO W Q, et al. Visible-light-induced degradation of rhodamine B by nanosized Bi_2WO_6[J]. J. Phys. Chem. B., 2005, 109（47）: 22432–22439.

[122] MALAKOOTI R, CADEMARTIRI L, AKCAKIR Y, et al. Shape-controlled Bi_2S_3 nanocrystals and their plasma polymerization into flexible films[J]. Adv. Mater., 2006, 18（16）: 2189–2194.

[123] GHEZELBASH A, SIGMAN M B, KORGEL B A. Solventless synthesis of nickel sulfide nanorods and triangular nanoprisms[J]. Nnao Lett., 2004, 4（4）: 537–542.

[124] PUNTES V F, ZANCHET D, ERDONMEZ C K, et al. Synthesis of hcp-Co nanodisks[J]. J. Am. Chem. Soc., 2002, 124（43）: 12874–12880.

[125] DINEGA D P, BAWENDI M G. A solution–phase chemical approach to a new crystal structure of cobalt[J]. Angew. Chem., Int. Ed., 1999, 38（12）: 1788–1791.

[126] GHEZELBASH A, KORGEL B A. Nickel sulfide and copper sulfide nanocrystal synthesis and polymorphism[J]. Langmuir., 2005, 21（21）:

9451–9456.

[127] JIANG H, ZHAO T, MA J, et al. Ultrafine manganese dioxidenanowire network for high–performance supercapacitors[J]. Chem. Commun., 2011, 47 （4）: 1264–1266.

[128] JIAO F, BRUCE P G. Mesoporous crystalline β -MnO₂-a reversible positive electrode for rechargeable lithium batteries[J]. Adv. Mater., 2007, 19（5）: 657–660.

[129] JANG B C, PARK M Y, CHAE O B, et al. Direct synthesis of self-assembled ferrite/carbon hybrid nanosheets for high performance lithium-ioin battery anodes[J]. J. Am. Chem. Soc., 2012, 134（36）: 15010–15015.

[130] MAN R W Y, BROWN A R C, WOLF M O. Mechanism of formation of palladium nanoparticles: lewis based assisted, low temperature preparation of monodisperse nanoparticles[J]. Angew. Chem., Int. Ed., 2012, 51（45）: 11350–11353.

[131] YANG S L, YAO H B, GAO M R, et al. Monodisperse cubic pyrite NiS₂ dodecahedrons and microspheres synthesized by a solvothermal process in a mixed solvent: thermal stability and magnetic properties[J]. Cryst Eng Comm., 2009, 11（7）: 1383–1390.

[132] YU S H, YOSHIMURA M. Fabrication of powders and thin films of various nickel sulfides by soft solution processing routes[J]. Adv. Funct. Mater., 2002, 12（4）: 277–285.

[133] HU Y, CHEN J F, CHEN W M, et al. Synthesis of nickel sulfide submicrometer-sized hollow spheres using a γ -irradiation route[J]. Adv. Funct. Mater., 2004, 14（4）: 383–386.

[134] ZHANG L Z, YU J C, MO M S, et al. A general solution-phase approach to oriented nanostructured films of metal chalcogenides on metal foils: the case of nickel sulfide[J]. J. Am. Chem. Soc., 2004, 126（26）: 8116–8117.

[135] LAI X Y, LI J, KORGEL B A, et al. General synthesis and gas-sensing properties of multiple-shell metal oxide hollow microspheres[J]. Angew. Chem., Int. Ed., 2011, 50（12）: 2738–2741.

[136] DONG S K, YANG Y, HYUNBIN K, et al. Formation of metal oxide nanotubes in neutral aqueous solution based on a photocatalytic effect[J]. Angew. Chem., Int. Ed., 2010, 49（1）: 210–212.

[137] JIANG Z Y, XIE Z X, ZHANG X H, et al. Synthesis of single-crystalline ZnO polyhedral submicrometer–sized hollow beads using laser-assisted growth with ethanol droplets as soft templates[J]. Adv. Mater., 2004, 16（11）: 904–907.

[138] YIN Y D, ERDONMEZ C, CABOT A, et al. Colloidal synthesis of hollow cobalt sulfide nanocrystals[J]. Adv. Funct. Mater., 2006, 16（11）: 1389–1399.

[139] KUO C H, HUANG M H. Fabrication of truncated rhombic dodecahedral Cu_2O nanocages and nanoframes by particle aggregation and acidic etching[J]. J. Am. Chem. Soc., 2008, 130（38）: 12815–12820.

[140] HU M, FURUKAWA S, OHTANI R, et al. Synthesis of Prussian blue nanoparticles with a hollow interior by controlled chemical etching[J]. Angew. Chem., Int. Ed. 2012, 51（4）: 984–988.

[141] JIAO S H, XU L F, JIANG K, et al. Well-defined non-spherical copper sulfide mesocages with single-crystalline shells by shaped-controlled Cu_2O crystal templating[J]. Adv. Mater., 2006, 18（9）: 1174–1177.

[142] ZHANG L, ZHOU L, WU H B, et al. Unusual formation of single-crystal manganese sulfide microboxes co–mediated by the cubic crystal structure and shape[J]. Angew. Chem., Int. Ed., 2012, 51（29）: 7267–7270.

[143] HU J S, REN L L, GUO Y G, et al. Mass production and high photocatalytic activity of ZnS nanoporous nanoparticles[J]. Angew. Chem., Int. Ed., 2005, 44（8）: 1269–1273.

[144] FANG X S, YE C H, ZHANG L D, et al. Temperature-controlled catalytic growth of ZnS nanostructures by the evaporation of ZnS nanopowders[J]. Adv. Funct. Mater., 2005, 15（1）: 63.

[145] LIU X Z, CUI J H, ZHANG L P, et al. A solvothermal route to semiconductor ZnS micrometer hollow spheres with strong photoluminescence properties[J]. Mater Lett., 2006, 60（20）: 2465–2469.

[146] ZHU G X, ZHANG S G, XU Z, et al. Ultrathin ZnS single crystal nanowires: controlled synthesis and room-temperature ferromagnetism properties[J]. J. Am. Chem. Soc., 2011, 133 (39): 15605-15612.

[147] ZHU Y C, BANDO Y, XUE D F, et al. Oriented assemblies of ZnS one-dimensional nanostructures[J]. Adv. Mater., 2004, 16 (9-10): 831-834.

[148] FANG X S, GAUTAM U K, BANDO Y, et al. Multiangular branched ZnS nanostructures with needle-shaped tips: potential luminescent and field-emitter nanomaterial[J]. J. Phys. Chem. C., 2008, 112 (12): 4735-4742.

[149] WU Q Z, CAO H Q, ZHANG S C, et al. Generation and optical properties of monodisperse wurtzite-type ZnS microspheres[J]. Inorg. Chem., 2006, 45 (18): 7316-7322.

[150] TIAN Y, HUANG G F, TANG L J, et al. Size-controllable synthesis and enhanced photocatalytic activity of porous ZnS nanospheres[J]. Mater Lett., 2012, 83: 104-107.

[151] BRAYNER R, FERRARI-LLIOU F, BRIVOIS N, et al. Toxicological impact studies based on escherichia coli bacteria in ultrafine ZnO nanoparticles colloidal medium[J]. Nnao Lett. 2006, 6 (4): 866-870.

[152] LOU X W, ARCHER L A, YANG Z C. Hollow micro-/nanostructures: synthesis and applications[J]. Adv. Mater., 2008, 20 (21): 3987-4019.

[153] HU J, CHEN M, FANG X S, et al. Fabrication and application of inorganic hollo spheres[J]. Chem. Soc. Rev. 2011, 40 (11): 5472-5491.

[154] JOO J B, ZHANG Q, DAHL M, et al. Control of the nanoscale crystallinity in mesoporous TiO_2 shells for enhanced photocatalytic activity[J]. Energy Environ. Sci. 2012, 5 (4): 6321-6327.

[155] DENG Y F, ZHANG Q M, TANG S D, et al. One-pot synthesis of $ZnFe_2O_4$/ C hollow spheres as superior anode materials for lithium ion batteries[J]. Chem. Commun., 2011, 47 (24): 6828-6830.

[156] XI G C, YAN Y, MA Q, et al. Synthesis of multiple-shell WO_3 hollow

spheres by a binary carbonaceous template route and their applications in visible-light photocatalysis[J]. Chem. Eur. J., 2012, 18（44）: 13949–13953.

[157] LAI X Y, HALPERT J E, WANG D. Recent advances in micro-/nano-structured hollos spheres for energy applications: from simple to complex systems[J]. Energy Environ. Sci., 2012, 5（2）: 5604–5618.

[158] XIONG S L, ZENG H C. Serial ionic exchange for the synthesis of multishelled copper sulfide hollow spheres[J]. Angew. Chem., Int. Ed., 2012, 51（4）: 949–952.

[159] XIE Q S, LI J G, TIAN Q, et al. Template-free synthesis of zinc citrate yolk-shell microspheres and their transformation to ZnO yolk-shell nanospheres[J]. J. Mater. Chem., 2012, 22（27）: 13541–13547.

[160] PAN A Q, WU H B, YU L, et al. Template-free synthesis of VO_2 hollow microspheres with various interiors and their conversion into V_2O_5 for lithiumion batteries[J]. Angew. Chem., Int. Ed. 2013, 52（8）: 2226–2230.

[161] LOU X W, LI C M, ARCHER L A. Desinged synthesis of coaxial SnO_2@ carbon hollow nanospheres for highly reversible lithium storage[J]. Adv. Mater., 2009, 21（24）: 2536–2539.

[162] WU H B, PAN A Q, HNG H H, et al. Template-assisted formation of rattle-type V_2O_5 hollow microspheres with enhanced lithium storage properties[J]. Adv. Funct. Mater., 2013, 23（45）: 5669–5674.

[163] ZHAN Z L, BARNETT A S. An octane–fueled soild oxide fuel cell[J]. Science., 2005, 308（5723）: 844–847.

[164] MATTOS L M, NORONHA F B. Hydrogen production for fuel cell applications by etnanol partial oxidation on Pt/CeO_2 catalysts: the effect of the reaction conditions and reaction mechanism[J]. J. Catal., 2005, 233（2）: 453–463.

[165] MORSHED A H, MOUSSA M E, BEDAIR S M, et al. Violet/blue emission from epitaxial cerium oxide films on silicon substrates[J]. Appl. Phys. Lett. 1997, 70（13）: 1647.

[166] CHEN G Z, ROSEI F, MA D L. Interfacial reaction-directed synthesis of Ce-Mn binary oxide nanotubes and their applications in CO oxidation and water

treatment[J]. Adv. Funct. Mater., 2012, 22（18）: 3914–3920.

[167] ZHENG Y H, LIU K, QIAO H, et al. Facile synthesis and catalytic properties of CeO$_2$ with tunable morphologies from thermal transformation of cerium benzendicarboxylate complexes[J]. CrystEngComm., 2011, 13（6）: 1786–1788.

[168] KUIRY S C, PATIL S D, DESHPANDE S, et al. Spontaneous self-assembly of cerium oxide nanoparticles to nanorods through supraaggregate formation[J]. J. Phys. Chem. B., 2005, 109（15）: 6936–6939.

[169] WANG D Y, KANG Y J, DOAN–NGUYEN V, et al. Synthesis and oxygen storage capacity of two-dimensional ceria nanocrystals[J]. Angew. Chem., Int. Ed., 2011, 50（19）: 4378–4381.

[170] YANG S W, GAO L. Controlled synthesis and self-assembly of CeO$_2$ nanocubes[J]. J. Am. Chem. Soc., 2006, 128（29）: 9330–9331.

[171] FENG D, KAZUMI K, HIROAKI I, et al. Characteristics of CeO$_2$ nanocubes and related polyhedra prepared by using a liquid–liquid interface[J]. Cryst. Growth Des., 2010, 10（10）: 4537–4541.

[172] HUANG X, YIN Z Y, WU S X, et al. Graphene-based materials: synthesis, characterization, properties, and applications[J]. Small., 2011, 7（14）: 1876–1902.

[173] LEE C G, WEI X D, KYSAR J W, et al. Meaurement of the elastic properties and intrinsic strength of monolayer graphene[J]. Science, 2008, 321（5887）: 385–388.

[174] OSADA M, SASAKI T. Two-dimensional dielectric nanosheets: novel nanoelectronics from nanocrystal building blocks[J]. Adv. Mater., 2012, 24（2）: 210–228.

[175] FANG X P, HUA C X, WU C R, et al. Synthesis and electrochemical performance of graphene-like WS$_2$[J]. Chem. Eur. J., 2013, 19（18）: 5694–5700.

[176] RUI X H, LU Z Y, YIN Z Y, et al. Oriented molecular attachments through sol–gel chemistry for synthesis of ultrathin hydrated vanadium pentoxide

nanosheets and their applications[J]. Small, 2013, 9（5）: 716–721.

[177] FENG J, SUN X, WU C Z, et al. Metallic few-layered VS$_2$ ultrathin nanosheets: high two-dimensional conductivity for in-plane supercapacitors[J]. J. Am. Chem. Soc., 2011, 133（44）: 17832–17838.

[178] HUANG H W, YU Q, PENG X S, et al. Single-unit-cell thick Mn$_3$O$_4$ nanosheets[J]. Chem. Commun., 2011, 47（48）: 12831–12833.

[179] OAKI Y, IMAI H. One-pot synthesis of manganese oxide nanosheets in aqueous solution: chelation mediated parallel control of reaction and morphology[J]. Angew. Chem., Int. Ed., 2007, 46（26）: 4951–4955.

[180] HSU Y K, CHEN Y C, LIN Y G, et al. Reversible phase transformation of MnO$_2$ nanosheets in an electrochemical capacitor investigated by in situ Raman spectroscopy[J]. Chem. Commun., 2011, 47（4）: 1252–1254.

[181] LIU Z P, MA R Z, EBINA Y, et al. Synthesis and delamination of layered manganese oxide nanobelts[J]. Chem. Mater., 2007, 19（26）: 6504–6512.

[182] OMOMO Y, SASAKI T, WANG L Z, et al. Redoxable nanosheet crystallites of MnO$_2$ derived via delamination of a layered manganese oxide[J]. J. Am. Chem. Soc., 2003, 125（12）: 3568–3575.

[183] YEAGER M, DU W X, SI R, et al. Highly efficient K$_{0.15}$MnO$_2$ birnessite nanosheets for stable pseudocapacitive cathodes[J]. J. Phys. Chem. C., 2012, 116（38）: 20173–20181.

[184] ZHAO J B, LI Q Y, BI W T, et al. Ultra-rapid microwave-assisted synthesis of layered ultrathin birnessite K$_{0.17}$MnO$_2$ nanosheets for efficient energy storage[J]. J. Mater. Chem. A., 2013, 1（28）: 8154–8159.

[185] XIA H, LAI M O, LU L, et al. Nanoflaky MnO$_2$/carbon nanotube nanocomposites as anode materials for lithium-ion batteries[J]. J. Mater. Chem., 2010, 20（33）: 6896–6902.

[186] CHEN W M, QIE L, SHAO Q G, et al. Controllable synthesis of hollow bipyramid β–MnO$_2$ and its high electrochemical performance for lithium

storage[J]. ACS Appl. Mater. Interfaces, 2012, 4（6）: 3047–3053.

[187] XIE X F, GAO L. Characterization of a manganese dioxide/carbon nanotube composite fabricated using an in situ coating method[J]. Carbon, 2007, 45（12）: 2365–2373.

[188] YAN D, YAN P X, CHENG S, et al. Fabrication, in-depth characterization, and formation mechanism of crystalline porous birnessite MnO_2 film with amorphous bottom layers by hydrothermal method[J]. Cryst. Growth Des., 2009, 9（1）: 218–222.

[189] CHING S, KRIZ D A, LUTHY K M, et al. Self-assembly of manganese oxide nanoparticles and hollow spheres. Catalytic activity in carbon monoxide oxidation[J]. Chem. Commun., 2011, 47（29）: 8286–8288.